·第四次全国中药资源普查成果
·国家科技基础条件平台建设子项——重要野生植物种质资源采集保存技术规范和标准研制及整合共享（编号：2005DKA21006）成果
·植物学湖南省重点建设学科成果

南方常见典型野生药用植物速辨手册

主编　伍贤进 刘光华
副主编 曾汉元 李胜华 贺安娜 李爱民

西南交通大学出版社
·成 都·

图书在版编目（CIP）数据

南方常见典型野生药用植物速辨手册 / 伍贤进，刘光华主编. 一成都：西南交通大学出版社，2018.1

ISBN 978-7-5643-5895-2

Ⅰ. ①南… Ⅱ. ①伍… ②刘… Ⅲ. ①野生植物－药用植物－辨别－中国－手册 Ⅳ. ①Q949.95-62

中国版本图书馆 CIP 数据核字（2017）第 276911 号

南方常见典型野生药用植物速辨手册

主编 伍贤进 刘光华

责任编辑	姜锡伟
助理编辑	黄冠宇
封面设计	严春艳
出版发行	西南交通大学出版社 （四川省成都市二环路北一段 111 号 西南交通大学创新大厦 21 楼）
发行部电话	028-87600564 028-87600533
邮政编码	610031
网址	http://www.xnjdcbs.com
印刷	四川玖艺呈现印刷有限公司
成品尺寸	170 mm×230 mm
印张	6
字数	108 千
版次	2018 年 1 月第 1 版
印次	2018 年 1 月第 1 次
书号	ISBN 978-7-5643-5895-2
定价	48.00 元

课件咨询电话：028-87600533

图书如有印装质量问题 本社负责退换

前 言

中医药是中华民族在长期生存发展过程中对于健康保健、防病治病经验和认识的总结，为中华民族的繁衍发展提供了医疗保障。中药资源物种数有 12 000 余种，其中药用植物占全部物种数的 90%左右。目前市场上流通的 1 000 ～ 1 200 种中药材中有 70%来自野生，其中植物类药材有 800 ～ 900 种。

很多药用植物不仅是必需的治病材料，而且还是绿色环保食用原料。国家卫生和计划生育委员会公布的药食同源生物种类中，植物占绝大多数。还有很多药用植物虽然不是食品原料，不能像普通食品那样可以日常食用，但它们含有丰富的营养和保健成分，对于养生健体有良好作用，如果使用得当，十分有利于强身健体，可达到治未病的目的。作者通过第四次全国中药资源普查湖南部分县（市）工作、国家科技基础条件平台建设子项——重要野生植物种质资源采集保存技术规范和标准研制及整合共享（项目编号：2005DKA21006）部分专题、湖南省科技厅——湘西地区特色珍贵中药材栽培和开发关键技术研究（项目编号：2013FJ6090）、植物学湖南省重点建设学科等项目，对分布于武陵山脉和雪峰山脉等两个我国生物多样性最为丰富区域的野生药用植物开展了较为系统的调查，掌握了翔实的第一手资料。

本书应世界范围内天然养生健体潮流兴起之需，为了更好地促进珍贵野生药用植物保护和合理利用，以养生健体为主题，筛选了 76 种野生药用植物进行介绍。每种植物均详细介绍了其基原、功用及有利于速认的主要形态特征，并附彩图。为了便于读者学习，书中还附有植物学一般性状的解释。书中各药用植物的有关介绍，主要参考了《中国植物志》《中药大辞典》等著作，鉴于篇幅所限，文中没有将有关参考文献一一列出。在此，特向有关作者表示衷心感谢和歉意！文中除部分图片承蒙中南林业科技大学喻勋林教授和中央民族大学龙春林教授提供外，其余图片均是作者自行拍摄。在此，对龙春林和喻勋林两位教授表示衷心感谢！

作 者

2017 年 8 月于怀化学院

目 录

1. 福建观音座莲 *Angiopteris fokiensis* Hieron. ······ 1
2. 紫萁 *Osmunda japonica* Thunb. ······ 2
3. 阴地蕨 *Botrychium ternatum* (Thunb.) Sw. ······ 3
4. 槲蕨 *Drynaria roosii NaKaike* ······ 4
5. 书带蕨 *Vittaria flexuosa* (Fée) E. H. Crane. ······ 5
6. 金毛狗 *Cibotium barometz* (L.) J. Sm. ······ 6
7. 蕨 *Pteridium aquilinum* (L.) Kuhn var. *latiusculum* (Desv.) Underw. ex Heller ······ 7
8. 东方狗脊 *Woodwardia orientalis* Sw. ······ 8
9. 银杏 *Ginkgo biloba* L. ······ 9
10. 苏铁 *Cycas revoluta* Thunb. ······ 10
11. 野核桃 *Juglans cathayensis* Dode ······ 11
12. 杨梅 *Myrica rubra* (Lour.) S. et Zucc. ······ 12
13. 蕺菜 *Houttuynia cordata* Thunb. ······ 13
14. 桑寄生 *Taxillus sutchuenensis* (Lecomte) Danser ······ 14
15. 何首乌 *Fallopiamultiflora* (Thunb.) Harald. ······ 15
16. 苦荞麦 *Fagopyrum tataricum* (L.) Gaertn. ······ 16
17. 土人参 *Talinum paniculatum* (Jacq.) Gaertn. ······ 17
18. 华中五味子 *Schisandra sphenanthera* Rehd. et Wils. ······ 18
19. 五味子 *Schisandra chinensis* (Turcz.)Baill. ······ 19
20. 三枝九叶草 *Epimedium sagittatum* Maxim. ······ 20
21. 莲 *Nelumbo nucifera* Gaertn. ······ 21
22. 荠 *Capsella bursa-pastoris* (Linn.) Medic. ······ 22
23. 地笋 *Lycopus lucidus* Turcz. ······ 23
24. 枸杞 *Lycium chinense* Mill. ······ 24
25. 落葵薯 *Anredera cordifolia* (Tenore) Steenis ······ 25
26. 构树 *Broussonetia papyrifera* (Linn.) L'Hér. ex Vent. ······ 26
27. 无花果 *Ficus carica* Linn. ······ 27
28. 桑 *Morus alba* Linn. ······ 28
29. 中华猕猴桃 *Actinidia chinensis* Planch. ······ 29
30. 矩叶鼠刺 *Itea oblonga* Hand.-Mazz. ······ 30
31. 金樱子 *Rosa laevigata* Michx. ······ 31
32. 翻白草 *Potentilla discolor* Bge. ······ 32
33. 锦鸡儿 *Caragana sinica* (Buc'hoz) Rehd. ······ 33
34. 灰毡毛忍冬 *Lonicera macranthoides* Hand.-Mazz. ······ 34
35. 木姜叶柯 *Lithocarpus litseifolius* (Hance) Chun ······ 35
36. 显齿蛇葡萄 *Ampelopsis grossedentata* (Hand.-Mazz.) W. T. Wang ······ 36
37. 南五味子 *Kadsura longipedunculata* Finet et Gagnep. ······ 37

38. 萝藦 *Metaplexis japonica* (Thunb.)makino ······ 38
39. 掌叶复盆子 *Rubus chingii* Hu ······ 39
40. 葛 *Pueraria lobata* (Willd.) Ohwi ······ 40
41. 杜仲 *Eucommia ulmoides* Oliver l. c. ······ 41
42. 南酸枣 *Choerospondias axillaris* (Roxb.) Burtt et Hill. ······ 42
43. 刺葡萄 *Vitis davidii* (Roman. du Caill.) Foex ······ 43
44. 木槿 *Hibiscus syriacus* Linn. ······ 44
45. 蔓胡颓子 *Elaeagnus glabra* Thunb. ······ 45
46. 地菍 *Melastoma dodecandrum* Lour. ······ 46
47. 尼泊尔老鹳草 *Geranium nepalense* Sweet ······ 47
48. 枸骨 *Ilex cornuta* Lindl. et Paxt. ······ 48
49. 枣 *Ziziphus jujuba* Mill. ······ 49
50. 枳椇 *Hovenia acerba* Lindl. ······ 50
51. 绞股蓝 *Gynostemma pentaphyllum* (Thunb.)makino ······ 51
52. 罗汉果 *Siraitia grosvenorii* (Swingle) C. Jeffrey ex Lu et Z. Y. Zhang ······ 52
53. 山茱萸 *Cornus officinalis* Sieb. et Zucc. ······ 53
54. 五加 *Acanthopanax gracilistylus* W. W. Smith ······ 54
55. 菟丝子 *Cuscuta chinensis* Lam. ······ 55
56. 金灯藤 *Cuscuta japonica* Choisy ······ 56
57. 南烛 *Vaccinium bracteatum* Thunb. ······ 57
58. 女贞 *Ligustrum lucidum* Ait. ······ 58
59. 栀子 *Gardenia jasminoides* Ellis ······ 59
60. 鳢肠 *Eclipta prostrata* (L.) L. ······ 60
61. 鼠麴草 *Gnaphalium affine* D. Don ······ 61
62. 白术 *Atractylodesmacrocephala* Koidz. ······ 62
63. 百合 *Lilium brownii* var. *viridulum* Baker ······ 63
64. 万寿竹 *Disporum cantoniense* (Lour.)merr. ······ 64
65. 黄精 *Polygonatum sibiricum* Red. ······ 65
66. 韭 *Allium tuberosum* Rottler ex Sprengle ······ 66
67. 山麦冬 *Liriope spicata* (Thunb.) Lour. ······ 67
68. 仙茅 *Curculigo orchioides* Gaertn. ······ 68
69. 薯蓣 *Dioscorea opposita* Thunb. ······ 69
70. 日本薯蓣 *Dioscorea japonica* Thunb. ······ 70
71. 薏苡 *Coix lacryma–jobi* Linn. ······ 71
72. 荸荠 *Heleocharis dulcis* (Burm. f.) Trin. ······ 72
73. 毛葶玉凤花 *Habenaria ciliolaris* Kraenzl. ······ 73
74. 罗河石斛 *Dendrobium lohohense* T. Tang et F. T. Wang ······ 74
75. 铁皮石斛 *Dendrobium officinale* Kimura et Migo ······ 75
76. 天麻 *Gastrodia elata* Bl. ······ 76
附 1　植物学性状解释 ······ 77

1. 福建观音座莲

Angiopteris fokiensis Hieron.

【药材名】

马蹄蕨（ma ti jue）

【药用植物名】

福建观音座莲（fu jian guan ying zuo lian）*Angiopteris fokiensis* Hieron.

【别名】

马蹄蕨、牛蹄劳、观音座莲。

【产地与分布】

产于湖南、湖北、贵州、广东、广西、福建、香港等地。生于林下溪沟边。

【功效主治】

清热凉血，祛瘀止血，镇痛安神。主治痄腮、痈肿疮毒、毒蛇咬伤、跌打肿痛、外伤出血、崩漏、乳痈、风湿痹痛、产后腹痛、心烦失眠。块茎可提取淀粉食用。

【采收加工】

全年均可采收，洗净，去须根，切片，晒干或鲜用。

【识别特征】

多年生草本，高 1.5 m 以上。根状茎块状，直立，簇生圆柱状的粗根。二回羽状复叶，叶柄粗壮，多汁肉质，长约 50 cm；叶片宽卵形，长与宽各 60 cm 以上；羽片 5 ～ 7 对；叶革质；叶轴腹部具纵沟，向顶端具狭翅。孢子囊群棕色。

2. 紫 萁
Osmunda japonica Thunb.

【药材名】
紫萁（zi qi）

【药用植物名】
紫萁（zi qi）
Osmunda japonica Thunb.

【别名】
大贯众、紫蕨、薇贯众。

【产地与分布】
全国各地有产。生于林下或溪边酸性土上。

【功效主治】
清热解毒，祛瘀止血，杀虫。主治流感、流脑、乙脑、腮腺炎、痈疮肿毒、麻疹、水痘、痢疾、吐血、衄血、便血、崩漏、带下，蛲虫、绦虫、钩虫等肠道寄生虫病。嫩叶可食，称“薇菜”。

【采收加工】
春、秋季采挖根茎，削去叶柄、须根，除净泥土，晒干或鲜用。

【识别特征】
多年生草本，高 50 ～ 80 cm 或更高。根状茎粗短。叶簇生，直立，柄长 20 ～ 30 cm，叶为纸质，成长后光滑无毛。叶片为三角广卵形，长 30 ～ 50 cm，宽 25 ～ 40 cm，顶部一回羽状，其下为二回羽状；羽片 3 ～ 5 对，对生。孢子叶羽片和小羽片均短缩，沿中肋两侧背面密生孢子囊。

3. 阴地蕨

Botrychium ternatum (Thunb.) Sw.

【药材名】

阴地蕨（yin di jue）

【药用植物名】

阴地蕨（yin di jue）

Botrychium ternatum (Thunb.) Sw.

【别名】

花蕨、独脚蒿、独脚金鸡。

【产地与分布】

产于湖南、湖北、江西、贵州、浙江、江苏、安徽、四川、福建、台湾等地。生于丘陵地灌丛阴处，海拔 400 ～ 1 000 m。

【功效主治】

清热解毒，平肝熄风，止咳，止血，明目去翳。治小儿高热惊搐、肺热咳嗽、咳血、百日咳、癫狂、痫疾、疮疡肿毒、毒蛇咬伤、目赤火眼。

【采收加工】

冬季或春季采收，连根挖取，洗净，鲜用或晒干。

【识别特征】

多年生草本。根状茎短而直立，有一簇粗健肉质的根。营养叶片的柄细长达 3 ～ 8 cm，叶片长通常 8 ～ 10 cm，宽 10 ～ 12 cm，三回羽状分裂，叶干后为绿色，厚草质，遍体无毛，表面皱凸不平。叶脉不见。孢子叶有长柄，长 12 ～ 25 cm，孢子囊穗为圆锥状，长 4 ～ 10 cm，宽 2 ～ 3 cm，2 ～ 3 回羽状，小穗疏松，略张开，无毛。

4. 槲　蕨

Drynaria roosii NaKaike

【药材名】

骨碎补（gu sui bu）

【药用植物名】

槲蕨（hu jue）

Drynaria roosii NaKaike

【别名】

肉碎补、石岩姜、猴姜。

【产地与分布】

产于湖南、湖北、江西、浙江、江苏、广东、福建、台湾、海南、广西、四川、重庆、贵州、云南等地。附生树干或石上，偶生于墙缝，海拔 100 ～ 1800 m。

【功效主治】

补肾强骨，活血止痛。主治肾虚腰痛、耳鸣耳聋、牙齿松动、牙痛、久泄、遗尿、跌扑损伤；外治斑秃、白癜风。

【采收加工】

全年均可采挖，除去泥沙，切厚片，干燥。

【识别特征】

多年生草本，高 25 ～ 60 cm。根状茎直径 1 ～ 2 cm，密被鳞片；基生不育叶圆形，长 5 ～ 9 cm，宽 3 ～ 7 cm。能育叶叶柄长 4 ～ 7（13）cm，具明显的狭翅；叶片长 20 ～ 45 cm，宽 10 ～ 20 cm，深羽裂，裂片 7 ～ 13 对；孢子囊群近圆形，沿裂片中肋两侧各排列成 2 ～ 4 行，混生有大量腺毛。

5. 书带蕨

Vittaria flexuosa (Fée) E. H. Crane.

【药材名】

书带蕨（shu dai jue）

【药用植物名】

书带蕨（shu dai jue）

Vittaria flexuosa (Fée) E. H. Crane.

【别名】

晒不死、柳叶苇、树韭菜、木莲金。

【产地与分布】

产于湖南、湖北、江西、浙江、江苏、福建、台湾、广东、广西、海南、四川、贵州、云南等地。附生于林中树干上或岩石上，海拔 100 ～ 3 200 m。

【功效主治】

疏风清热，舒筋活络，补虚，健脾消疳，止血。主治小儿急惊风、跌打损伤、风湿痹痛、小儿疳积、妇女干血痨、咯血、吐血。

【采收加工】

全年或夏、秋季采收，洗净，鲜用或晒干。

【识别特征】

多年生草本，高约 40 cm。根状茎横走，密被鳞片；叶近生，常密集成丛。叶柄短，纤细；叶片线形，长 15 ～ 40 cm，宽 4 ～ 6 mm，亦有小型个体，其叶片长仅 6 ～ 12 cm，宽 1 ～ 2.5 mm；孢子囊群线形，生于叶缘内侧；叶片下部和先端不育。孢子呈椭圆形。

6. 金毛狗

Cibotium barometz (L.) J. Sm.

【药材名】

狗脊（gou ji）

【药用植物名】

金毛狗（jin mao gou）

Cibotium barometz (L.) J. Sm.

【别名】

金毛狗脊、金狗脊、金毛狮子、黄狗头。

【产地与分布】

产于湖南、江西、浙江、广东、广西、福建、四川、贵州等地。生于山脚沟边或林下阴处酸性土壤。

【功效主治】

补肝肾，强腰脊，祛风湿。主治腰膝酸软、下肢无力、风湿痹痛、尿频、遗精、白带过多。可提取淀粉食用，酿酒；根状茎上的毛可止血。

【采收加工】

秋、冬二季采挖，除去泥沙，干燥；或去硬根、叶柄及金黄色绒毛，切厚片，直接干燥，为“生狗脊片”；蒸后，切厚片，干燥，为“熟狗脊片”。

【识别特征】

多年生，高达 2.5 ～ 3 m。根状茎平卧，有时转为直立，短而粗壮，带木质，密被棕黄色长柔毛。叶多数，丛生成冠状，大形；叶柄粗壮，褐色，基部密被金黄色长柔毛和黄色狭长披针形鳞片；叶片卵圆形，长可达 2 m，三回羽状分裂。孢子囊群着生于边缘的侧脉顶上，略成矩圆形，每裂片上 2 ～ 12 枚，囊群盖侧裂呈双唇状，棕褐色。

7. 蕨

Pteridium aquilinum (L.) Kuhn var. *latiusculum* (Desv.) Underw. ex Heller

【药材名】
蕨（jue）

【药用植物名】
蕨（jue）
Pteridium aquilinum (L.) Kuhn var. *latiusculum* (Desv.) Underw. ex Heller

【别名】
蕨菜、如意菜、狼萁。

【产地与分布】
产于全国各地，主产于长江流域及以北地区。生长于山地阳坡及森林边缘，海拔 200 ～ 830 m。

【功效主治】
清热利湿，消肿，安神。主治发热、痢疾、湿热黄疸、高血压病、头昏失眠、风湿性关节炎、白带、痔疮、脱肛。嫩叶可食，称蕨菜；根状茎供提取蕨粉，为滋补食品。

【采收加工】
以根状茎或全草入药。夏秋采，洗净，鲜用或晒干。

【识别特征】
多年生草本，高 1 m 左右。根状茎长，粗壮，地下，匍匐。叶柄疏生，粗壮直立，长 30 ～ 100 cm，无毛；三回羽状复叶；小羽片多数，密集；叶轴裸净。孢子囊群沿叶缘着生，呈连续长线形，囊群盖线形。

8. 东方狗脊

Woodwardia orientalis Sw.

【药材名】
东方狗脊（dong fang gou ji）

【药用植物名】
东方狗脊（dong fang gou ji）
Woodwardia orientalis Sw.

【别名】
大叶狗脊、镰叶狗脊、凤凰尾。

【产地与分布】
产于江西、浙江、广东、福建、台湾等地。生于山坡或路旁，海拔约 450 m。

【功效主治】
祛风除湿，补肝肾，强腰膝，解毒，杀虫。主治腰背酸疼、膝痛脚弱、痢疾、崩漏、白带、小儿疳积、蛇伤。

【采收加工】
以根状茎或全草入药。夏秋采，洗净，鲜用或晒干。

【识别特征】
多年生常绿草本，高可达 1 ～ 2 m。根茎粗壮、横走，密被棕色卵状披针形鳞片。叶丛生，叶柄长而粗硬，基部密被鳞片；叶片为三角状长椭圆形，二回羽状分裂，革质。孢子囊群矩圆状线形，着生于靠近主脉两侧的一行网脉上；囊群盖褐色，硬膜性，成熟时向中肋一侧开裂。

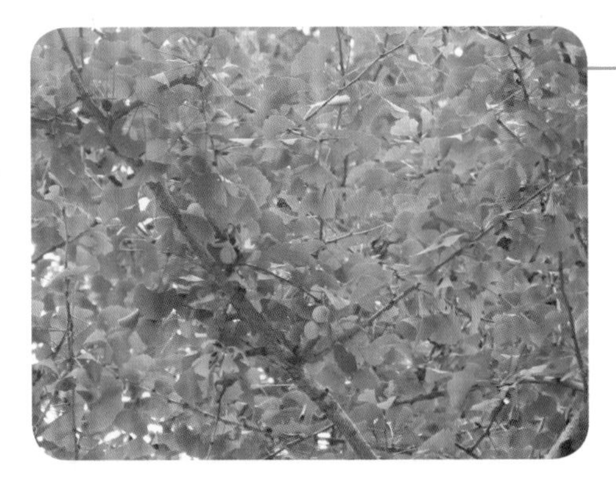

9. 银 杏
Ginkgo biloba L.

【药材名】
银杏（yin xing）

【药用植物名】
银杏（yin xing）
Ginkgo biloba L.

【别名】
鸭脚子、白果树、公孙树。

【产地与分布】
系我国特产，仅浙江有野生状态的树木，全国各地均有栽培。有洞庭皇、小佛手、佛指、无心银杏、大梅核等多个栽培变种。生于海拔 500 ～ 1 000 m、酸性黄壤、排水良好的天然林中。

【功效主治】
银杏种子敛肺定喘、固精缩尿；银杏叶敛肺、平喘、活血化瘀、止痛。主治肺虚咳喘、冠心病、心绞痛、高血脂等。生食有毒，不可多用，小儿应更谨慎。

【采收加工】
秋季采收种子，除去外种皮，洗净，稍蒸或煮后烘干或晒干。6 ～ 9 月采收叶，除去杂质，及时干燥。

【识别特征】
落叶高大乔木，树干直立。叶簇生于短枝或螺旋状散生于长枝上；叶片扇形，脉叉状分枝，叶柄长。花单生，雌雄异株。种子核果状，椭圆形至近球形，成熟时金黄色，外种皮肉质，熟时橙黄色，内种皮骨质，白色。花期 4 ～ 5 月，种子 9 ～ 10 月成熟。

10. 苏 铁
Cycas revoluta Thunb.

【药材名】
苏铁（su tie）

【药用植物名】
苏铁（su tie）
Cycas revoluta Thunb.

【别名】
铁树。

【产地与分布】
原产于广东、福建、台湾，全国各地常有栽培。喜暖热湿润的环境，不耐寒冷。

【功效主治】
苏铁花理气止痛，益肾固精。主治胃痛、遗精、白带、痛经。苏铁根祛风活络，补肾，主治肺结核咯血、肾虚牙痛、腰痛、风湿关节麻木疼痛、跌打损伤。苏铁种子和茎顶部的树心有毒，用时宜慎。

【采收加工】
7～8月采雄球花，干燥。

【识别特征】
常绿棕榈状木本，茎高1～8m，茎干圆柱状，不分枝。茎部宿存的叶基和叶痕呈鳞片状。叶从茎顶部长出，一回羽状复叶，长0.5～2.0m，厚革质而坚硬，羽片条形。雌雄异株，在华南地区花期6～7月，雄球花圆柱形，雌球花扁球形。种子12月成熟，种子大，熟时红色。

11. 野核桃
Juglans cathayensis Dode

【药材名】
胡桃（hu tao）

【药用植物名】
野核桃（ye he tao）
Juglans cathayensis Dode

【别名】
核桃、山核桃、小核桃。

【产地与分布】
产于湖南、湖北、河南、四川、贵州、云南、广西等地。我国大部分地区均有种植，生长在海拔400～1 800 m的丘陵及山区，常见于山区河谷腐殖土层深厚的地方，喜肥厚的砂质壤土。

【功效主治】
味甘，性平。补肝益肾，纳气平喘。主治腰膝酸软，慢性支气管炎，哮喘等虚喘久咳。

【采收加工】
秋季果实成熟时采摘，干燥。用时去果皮，取种仁。

【识别特征】
落叶乔木。奇数羽状复叶互生。花单性，雌雄同株；雄花序柔荑花序下垂，雌花序穗状。果近球形，核果状，成熟时4瓣开裂，内果皮骨质坚硬，稍具皱曲，有6～8条纵棱。花期4～5月，果期9月。

12. 杨　梅

Myrica rubra (Lour.) S. et Zucc.

【药材名】

杨梅（yang mei）

【药用植物名】

杨梅（yang mei）

Myrica rubra (Lour.) S. et Zucc.

【别名】

山杨梅、树梅、珠红。

【产地与分布】

产于我国长江以南，海南岛以北的温带及亚热带地区。生于丘陵低山阳坡或山谷林中，喜酸性土壤。

【功效主治】

味甘、酸，性温。生津止渴，和五脏，消食，解酒，涩肠止泻，止血。主治烦渴，呕吐，胃痛，呃逆，食欲不振，饮酒过度，腹泻，跌打损伤，烫伤。

【采收加工】

6月果实成熟时采摘。鲜用或干燥备用。

【识别特征】

常绿乔木。叶革质，长椭圆形或倒披针形，互生。花雌雄异株；雄花序常数条丛生于叶腋，雌花序常单生于叶腋。核果球形，表面具乳头状凸起，外果皮肉质，多汁液，熟时深暗红色，内果皮坚硬，内含种子1枚。花期4月，果期6～7月。

13. 蕺 菜

Houttuynia cordata Thunb.

【药材名】

鱼腥草（yu xing cao）

【药用植物名】

蕺菜（ji cai）

Houttuynia cordata Thunb.

【别名】

蕺菜、紫蕺、臭菜、侧（折）耳根、臭灵丹、鸡九根、鱼磷草、肺形草等。

【产地与分布】

产于湖南、湖北、四川、贵州、云南、广东、广西、福建等地，喜温暖潮湿环境。

【功效主治】

性寒味辛，入肺。具清热解毒，消痈排脓，善治肺痈、痰热喘咳、热痢、痈肿疮毒、热淋等多种疾患。嫩茎叶和根状茎可食用，能增强白细胞的吞噬功能，提高机体非特异性免疫能力。

【采收加工】

根状茎全年可采，茎叶适时采收，鲜用或晾干。

【识别特征】

以根状茎越冬的多年生草本，高约30 cm，全株均有浓郁鱼腥味。叶互生卵形，全缘，基出五脉，背面淡绿色或带紫红色，托叶膜质，线形，下部与叶柄合生成鞘状，叶柄基部鞘状抱茎。穗状花序在枝顶端与叶对生，基部有白色花瓣状苞片4个。花期5～7月，果期6～10月，蒴果顶端开裂。

14. 桑寄生
Taxillus sutchuenensis (Lecomte) Danser

【药材名】
桑寄生（sang ji sheng）

【药用植物名】
桑寄生（sang ji sheng）
Taxillus sutchuenensis (Lecomte) Danser

【别名】
广寄生、梧州寄生茶、寓木、宛童

【产地与分布】
产于华南各省、山西、河南西南部等地。生于海拔 500 ～ 1 900 m 阔叶林中，常寄生于桑树、李树或栎属、柯属等植物上。

【功效主治】
味苦、甘；性平。补肝肾，强筋骨，通经络，除风湿，安胎，益血。主治腰膝酸痛，风寒湿痹，眩晕，胎漏血崩，产后乳汁不下，内伤久咳。

【采收加工】
冬季至次年春季采收，除去粗茎杂质，洗净切段干燥，亦可用酒喷洒拌匀蒸后干燥。

【识别特征】
茎枝圆柱形，顶端被锈色绒毛，表面红褐色，有枝痕和叶痕突起，质脆易折断。叶片常卷缩、破碎，完整者卵圆形至长卵形。花、果常脱落，浆果长卵形，红褐色，密生瘤体。

15. 何首乌

Fallopiamultiflora (Thunb.) Harald.

【药材名】

何首乌（he shou wu）

【药用植物名】

何首乌（he shou wu）

Fallopiamultiflora (Thunb.) Harald.

【别名】

夜交藤、紫乌藤、多花蓼。

【产地与分布】

我国东中部地区均有分布，产华东、华中、华南、四川等地。常生于山谷灌丛、沟边石隙、山坡林缘。

【功效主治】

味苦、涩；性微温。温补肝肾，养血滋阴，益肾固精。主治肝肾阴虚所致的腰膝酸软，须发早白，耳鸣，久疟体虚，疮痈，痔疮等症。

【采收加工】

秋冬叶枯后，挖出块根，去泥沙须根，洗净，切块晒干。常与黑豆蒸煮晒干后制成制首乌。

【识别特征】

多年生缠绕藤本，茎基部木质化。叶互生，卵形或长卵形，基部心形，托叶鞘膜质。花序圆锥状，长 10 ～ 20 cm，顶生或腋生。瘦果卵形，具 3 棱。块根肥厚，长椭圆形，黑褐色。

16. 苦荞麦

Fagopyrum tataricum (L.) Gaertn.

【药材名】
苦荞（ku qiao）

【药用植物名】
苦荞麦（ku qiao mai）
Fagopyrum tataricum (L.) Gaertn.

【别名】
乌麦、花荞。

【产地与分布】
我国华北、西南山区等大部分地区均有栽培或野生。常生于路旁、山坡、溪边等地。

【功效主治】
味苦；性平。可益气力，续精神，健脾利湿。主治胃痛，消化不良，辅助治疗糖尿病。

【采收加工】
秋季果实成熟时采收，晒干。

【识别特征】
一年生草本植物。茎直立。叶宽三角形，托叶鞘膜质，偏斜。总状花序顶生或腋生，花被 5 深裂，白色或淡红色。瘦果长卵形，具 3 条纵沟及 3 棱。

【龙春林 摄】

17. 土人参

Talinum paniculatum (Jacq.) Gaertn.

【药材名】

土人参（tu ren shen）

【药用植物名】

土人参（tu ren shen）

Talinum paniculatum (Jacq.) Gaertn.

【别名】

假人参、土高丽参。

【产地与分布】

我国长江以南各地都有野生和人工栽培。常生于阴湿地。

【功效主治】

味甘；性平。健脾润肺，补中益气，调经。主治脾虚劳倦，久病体虚，盗汗，自汗，肺热燥咳，月经不调，产妇乳汁不足。

【采收加工】

嫩茎叶鲜食。肉质根秋冬季挖出，洗净，蒸熟晒干。

【识别特征】

一年生或多年生草本，全株无毛。茎肉质，直立，基部近木质。叶片稍肉质，倒卵形。圆锥花序顶生或腋生，常二叉状分枝，较大形，具长花序梗，花冠粉红色或淡紫红色。主根粗壮，圆锥形，皮黑褐色，断面乳白色。

18. 华中五味子

Schisandra sphenanthera Rehd. et Wils.

【药材名】

五味子（wu wei zi）

【药用植物名】

华中五味子（huɑ zhong wu wei zi）

Schisandra sphenanthera Rehd. et Wils.

【别名】

五味子。

【产地与分布】

我国华中、华东、云贵等地均有分布，湖南西部山区常见。生于海拔400～3 000 m的山坡林缘或路边灌丛中。

【功效主治】

味酸；性温。可养心安神，益气生津，收敛固涩。主治心悸失眠，津伤口渴，自汗，盗汗，梦遗滑精，尿频遗尿。

【采收加工】

8月下旬至10月上旬，待果实成熟时采收、晒干或低温烘干。亦可与酒、醋、蜜等同蒸，制成酒五味子、醋五味子等。

【识别特征】

落叶木质藤本。小枝红褐色，皮孔密集凸起。叶纸质，倒卵形。花生于近基部叶腋，花梗纤细，花被5～9片，橙黄色。聚合果，具6～17 cm长托，浆果成熟时红色；种子长圆体形或肾形，种皮褐色光滑。

19. 五味子

Schisandra chinensis (Turcz.)Baill.

【药材名】

五味子（wu wei zi）

【药用植物名】

五味子（wu wei zi）

Schisandra chinensis (Turcz.)Baill.

【别名】

北五味子、小钻骨风。

【产地与分布】

分于布华东、华中各省。生于向阳山坡、沟谷溪边、林缘灌丛中。

【功效主治】

味酸；性温。可养心安神，益气生津，收敛固涩。主治心悸失眠，津伤口渴，自汗，盗汗，梦遗滑精，尿频遗尿。

【采收加工】

8 月下旬至 10 月上旬，果实成熟至紫红色时采收。十燥备用。可用蒸、炒、醋、酒、蜜等炮制。

【识别特征】

落叶木质藤本。幼枝呈红褐色，老枝呈灰褐色，常片状剥落起皱纹。叶互生、膜质，叶柄长 2 ～ 4.5 cm，叶片倒卵形或卵状椭圆形，长 5 ～ 10 cm，宽 3 ～ 5 cm，先端急尖或渐失，基部楔形。花单性，雌雄异株；花单生或丛生于叶腋，花被乳白或粉红色。聚合果柄长 1.5 ～ 6.5 cm，小浆果球形，成熟时红色。种子肾形，淡褐色有光泽。花期 5 ～ 7 月，果期 7 ～ 10 月。

20. 三枝九叶草
Epimedium sagittatum Maxim.

【药材名】
淫羊藿（yin yang huo）

【药用植物名】
三枝九叶草（san zhi jiu ye cao）
Epimedium sagittatum Maxim.

【别名】
仙灵脾、刚前、黄连祖、千两金、铁古伞（土家）、锐鸡都（苗）、铁打杵等。

【产地与分布】
分布在华中、华南各省。生长在林下、灌丛中及溪边岩石缝中。

【功效主治】
味辛、甘；性温。补肾虚、祛风湿。主治肾虚腰痛、肾炎水肿、风湿骨痛、慢性炎症。

【采收加工】
全草入药，需时挖出洗净即可。

【识别特征】
多年生草本，高约 30 cm。具硬质根状茎，上多须根。1～3 片叶，基生，三出复叶，小叶卵状披针形，叶柄细长。圆锥花序或总状花序顶生，黄色，花瓣 4。蓇葖果卵圆形。

21. 莲

Nelumbo nucifera Gaertn.

【药材名】
莲子（lian zi）

【药用植物名】
莲（lian）
Nelumbo nucifera Gaertn.

【别名】
荷花、莲花、水芙蓉。

【产地与分布】
我国南方各省均有野生或栽培，平原地区的池塘、浅湖泊尤为常见。

【功效主治】
味甘、涩；性平。补脾止泻，益肾涩精，养心安神。主治脾虚泄泻，带下量多，梦遗泄精，心悸失眠。

【采收加工】
秋季果实成熟后采割莲房，取出果实，除果皮，干燥。

【识别特征】
多年生挺水草本植物。根状茎粗，横走，内有较多通气孔道，节间膨大。叶基生，宽大盾形，挺出水面，波状边缘，叶柄具小刺。花白色或粉红色，单生。果期时花托膨大，海绵质。坚果卵圆形，种皮红棕色。

22. 荠
Capsella bursa-pastoris (Linn.) Medic.

【药材名】
荠菜（jì cài）

【药用植物名】
荠（jì）
Capsella bursa-pastoris (Linn.) Medic.

【别名】
粽子菜、护生草、清明草、菱角菜。

【产地与分布】
中国各省区均有分布，湖南、湖北、江西、四川、贵州等地资源丰富。生长在山坡、田边及路旁。

【功效主治】
性味甘平，和脾、明目、利水、止血、镇静、抗癌。治痢疾、水肿、吐血、便血、血崩、乳糜尿、目赤肿疼等。有助冠心病、高血压、糖尿病、肠癌防治。荠菜嫩叶可炒食、做汤或作配料，荠菜全草煮鸡蛋食用。

【采收加工】
3～5月采嫩叶或全草。

【识别特征】
茎直立，高10～40 cm，单一或从下部分枝。基生叶丛生呈莲座状，大头羽状分裂，长可达12 cm，宽可达2.5 cm，茎生叶互生窄披针形、基部箭形，抱茎。总状花序顶生及腋生，花瓣白色4瓣、排成十字形，短角果倒三角形或倒心状三角形。花果期4～6月。

23. 地 笋
Lycopus lucidus Turcz.

【药材名】
地笋（di sun）

【药用植物名】
地笋（di sun）
Lycopus lucidus Turcz.

【别名】
四方草、野油麻、地参。

【产地与分布】
我国南方各地均有分布。生于沼泽地、水边等潮湿处。

【功效主治】
味辛、甘，性平。降血脂，通九窍，利尿消肿，活血止血。主治身面浮肿，血瘀闭经，痛经，跌打瘀血，产后腹痛。

【采收加工】
秋季挖出，去地上部分，洗净，晒干。

【识别特征】
多年生草本，高可达1.7m。具多节地下横走根茎，节上多鳞片和须根。茎直立，常不分枝，四棱形。叶对生，披针形，暗绿色。轮伞花序腋生，花冠白色。小坚果扁平。花期6～9月，果期8-11月。

24. 枸　杞
Lycium chinense Mill.

【药材名】
枸杞子（gou qi zi）

【药用植物名】
枸杞（gou qi）
Lycium chinense Mill.

【别名】
枸杞菜、狗牙子、狗奶子。

【产地与分布】
我国广泛分布，常有栽培。喜土层深厚肥沃的土壤。生于山坡、丘陵地、盐碱地、村宅路旁。

【功效主治】
味甘；性平。补肾，养肝，益肺。主治肝肾阴亏，头晕目眩，视物昏花，虚劳咳嗽，腰膝酸软，遗精，消渴。

【采收加工】
6～11月果实成熟时分批采收，阴凉处晾干至皮皱，然后晒干。

【识别特征】
多分枝灌木，高0.5～1m；枝条细弱俯垂，全株具棘刺。单叶互生或2～4枚簇生，纸质。花在长枝上单生或双生于叶腋，在短枝上则同叶簇生，花冠漏斗状，5深裂，淡紫色。浆果红色，卵形。花果期6～11月。

25. 落葵薯

Anredera cordifolia (Tenore) Steenis

【药材名】
落葵薯（luo kui shu）

【药用植物名】
落葵薯（luo kui shu）
Anredera cordifolia (Tenore) Steenis

【别名】
马德拉藤、藤三七、藤七。

【产地与分布】
原产南美热带和亚热带地区，我国南方至华北地区有栽培，在湖南、广东、广西、重庆等地逸为野生。

【功效主治】
壮腰膝、消肿散瘀，祛风除湿，活血祛瘀，消肿止痛。

【采收加工】
在珠芽形成后采摘，除去杂质，鲜用或晒干。

【识别特征】
缠绕藤本，长可达数米。根状茎粗壮。叶具短柄，叶片卵形至近圆形，顶端急尖，基部圆形或心形，稍肉质，腋生小块茎（珠芽）。总状花序具多花，花序轴纤细，下垂，花被片白色，渐变黑，开花时张开，卵形、长圆形至椭圆形，顶端钝圆，长约 3 mm，宽约 2 mm。

【喻勋林 摄】

26. 构　树

Broussonetia papyrifera (Linn.) L'Hér. ex Vent.

【药材名】

楮实（chu shi）

【药用植物名】

构树（gou shu）

Broussonetia papyrifera (Linn.) L'Hér. ex Vent.

【别名】

楮实子、角树子、野杨梅子、构泡。

【产地与分布】

主要分布在我国黄河、长江和珠江流域地区。强阳性树种，适应性特强，抗逆性强。

【功效主治】

清肝、滋肾、明目、利尿。主治肾虚腰膝酸软、阳痿、止昏、目翳、水肿。

【采收加工】

秋季果实成熟时采收。洗净，晒干，除去灰白色膜状宿萼及杂质。

【识别特征】

乔木，高 10 ～ 20 m；树皮暗灰色；小枝密生柔毛。叶螺旋状排列，广卵形至长椭圆状卵形，长 6 ～ 18 cm，宽 5 ～ 9 cm，先端渐尖，基部心形，两侧常不相等，边缘具粗锯齿，不分裂或 3 ～ 5 裂，小树之叶常有明显分裂。聚花果直径 1.5 ～ 3 cm，成熟时橙红色，肉质；瘦果具与等长的柄，表面有小瘤，龙骨双层，外果皮壳质。花期 4 ～ 5 月，果期 6 ～ 7 月。

27. 无花果

Ficus carica Linn.

【药材名】
无花果（wu hua guo）

【药用植物名】
无花果（wu hua guo）
Ficus carica Linn.

【别名】
天生子、映日果、蜜果、文仙果。

【产地与分布】
原产地中海沿岸，我国南方各地均有。

【功效主治】
健胃清肠，消肿解毒。用于食欲不振、脘腹胀痛、痔疮便秘、消化不良、腹泻、乳汁不足、咽喉肿痛、咳嗽多痰等症。

【采收加工】
7～11月，当果皮变黄绿色、果实不再膨大，尚未成熟透时采摘，用沸水稍烫，捞出晒干或烘干即可。

【识别特征】
落叶灌木，高3～10 m，多分枝；树皮灰褐色，皮孔明显；小枝直立，粗壮。叶互生，厚纸质，广卵圆形，长宽近相等，10～20 cm，通常3～5裂，小裂片卵形，边缘具不规则钝齿，表面粗糙，背面密生细小钟乳体及灰色短柔毛；榕果单生叶腋，大而梨形，直径3～5 cm，顶部下陷，成熟时紫红色或黄色，基生苞片3，卵形；瘦果透镜状。花果期5～7月。

28. 桑

Morus alba Linn.

【药材名】

桑葚（sang shen）

【药用植物名】

桑葚（sang shen）

Morus alba Linn.

【别名】

桑实、乌葚、桑果、文武实。

【产地与分布】

主产于湖南、浙江、江苏、河北、四川等地。生于丘陵、山坡、村旁、田野等处。

【功效主治】

补肝、清肺、益肾、消渴。主治风热感冒；风温初起，发热头痛，汗出恶风，咳嗽胸痛；或肺燥干咳无痰；咽干口渴；风热及肝阳上扰；目赤肿痛等。

【采收加工】

在 3/4 成熟时采桑葚果穗晾挂于阴凉通风处晾干。

【识别特征】

乔木或为灌木，高 5 ～ 6 m。树皮厚，灰色，具不规则浅纵裂；叶卵形或广卵形，长 5 ～ 15 cm，宽 5 ～ 12 cm，先端急尖、渐尖或圆钝，基部圆形至浅心形，边缘锯齿粗钝；叶柄长 1.5 ～ 5.5 cm，具柔毛；聚花果卵状椭圆形，长 1 ～ 2.5 cm，成熟时红色或暗紫色。花期 4 ～ 5 月，果期 5 ～ 8 月。

29. 中华猕猴桃
Actinidia chinensis Planch.

【药材名】
猕猴桃（mi hou tao）

【药用植物名】
中华猕猴桃（zhong hua mi hou tao）
Actinidia chinensis Planch.

【别名】
滕梨、木子、羊桃、阳桃、山洋桃。

【产地与分布】
分布于湖北、湖南、江苏、浙江、江西、福建、广东（北部）和广西（北部）等省，有广泛栽培。

【功效主治】
果：调中理气、生津润燥、解热、止渴、健胃、通淋。用于肺热干咳、消化不良、湿热黄疸、石淋、痔疮等。根及根皮：清热解毒、活血消肿、祛风利湿。用于风湿性关节炎，跌打损伤、丝虫病、痢疾、肝炎、淋巴结结核，痈疖肿毒等症。

【采收加工】
在9月中旬开始，到10月底结束，呈黄褐色或棕褐色，果肉为绿色或黄绿色时，在晴天或阴天采收，采收后，剔除破损的、腐烂的、虫伤的，用清水洗净，切成4～6 mm厚的圆片，置于阳光下晒干或者烘干。

【识别特征】
大型落叶藤本，幼枝被有灰白色毛，老时秃净或留有断损残毛；花枝短的4～5 cm，长的15～20 cm，直径4～6 mm；叶柄长3～6(10) cm。聚伞花序1～3花；苞片小，卵形或钻形，长约1 mm；花初放时白色，放后变淡黄色，有香气，直径1.8～3.5 cm；果黄褐色，长4～6 cm，被茸毛、长硬毛或刺毛状长硬毛，成熟时秃净或不秃净，具小而多的淡褐色斑点；宿存萼片反折。

30. 矩叶鼠刺
Itea oblonga Hand.-Mazz.

【药材名】
矩叶鼠刺（ju ye shu ci）

【药用植物名】
矩叶鼠刺（ju ye shu ci）
Itea oblonga Hand.-Mazz.

【别名】
鸡骨柴、牛皮桐、老茶王、华鼠刺、青皮柴。

【产地与分布】
产于湖南、广西、贵州、四川、云南、浙江、江西、福建等地。

【功效主治】
主治身体虚弱，劳伤乏力，滋补强壮。

【采收加工】
夏秋2季均可采挖，采挖的根去除须根，洗净晒干切片。

【识别特征】
灌木或小乔木，高1.5～10 m；幼枝黄绿色，无毛；老枝棕褐色，有纵棱。叶薄革质，长圆形，长6～12（16）cm，宽2.5～5（6）cm，先端尾状尖或渐尖，基部圆形或钝，边缘有极明显的密集细锯齿，近基部近全缘，两面无毛，侧脉5～7对，在叶缘处弯曲和连接；花丝被细毛；花药长圆状球形；子房上位，密被长柔毛。蒴果长6～9 mm，被柔毛。花期3～5月，果期6～12月。

31. 金樱子

Rosa laevigata Michx.

【药材名】
金樱子（jin ying zi）

【药用植物名】
金樱子（jin ying zi）
Rosa laevigata Michx.

【别名】
刺榆子、刺梨子、山石榴、山鸡头子。

【产地与分布】
产于湖南、湖北、江西、江苏、浙江、广东、广西等地。

【功效主治】
味酸、甘、涩；性平。主治遗精滑精，遗尿尿频，涩肠止泻，止咳平喘，抗痉挛。

【采收加工】
10～11月果实成熟变红时采收，干燥，除去毛刺。

【识别特征】
常绿攀援灌木，高可达5 m；小枝粗壮，散生扁弯皮刺，无毛，幼时被腺毛，老时逐渐脱落减少。小叶柄和叶轴有皮刺和腺毛；托叶离生或基部与叶柄合生，披针形，边缘有细齿，齿尖有腺体，早落。果梨形、倒卵形，稀近球形，紫褐色，外面密被刺毛，果梗长约3 cm，萼片宿存。花期4～6月，果期7～11月。

32. 翻白草
Potentilla discolor Bge.

【药材名】
翻白草（fan bai cao）

【药用植物名】
翻白草（fan bai cao）
Potentilla discolor Bge.

【别名】
天青地白、叶下白、鸡爪参、鸡腿根、天藕等。

【产地与分布】
中国大部均有分布，湖南、湖北、浙江、安徽、江西、四川等资源丰富。生于荒地、山谷、沟边、山坡草地、疏林下等。

【功效主治】
味甘、微苦，性平，无毒。清热解毒、凉血止血、降低血糖、抗肿瘤，可治糖尿病、赤痢腹痛疔、腹泻、白带、吐血、便血、久痢不止、痈肿疮毒等。块根干燥粉粹可部分取代粮食食用，能改善消化道功能。

【采收加工】
夏秋采集，洗净晒干。

【识别特征】
多年生草本，从下部分枝，根粗壮、常肥厚呈纺锤形。高 10 ～ 45 cm，密被白色绵毛。小叶长披针形、对生或互生，上面暗绿色，下面白色，边缘具圆钝锯齿。聚伞花序有花数朵、花梗外被绵毛、花瓣黄色，5 ～ 9 月开花结果。

33. 锦鸡儿

Caragana sinica (Buc'hoz) Rehd.

【功效主治】
根：甘、微辛，平。花：甘，温。根：滋补强壮，活血调经，祛风利湿，滋阴补阳，用于体弱乏力，耳鸣眼花，头昏头晕，月经不调，白带，乳汁不足等症。花：祛风活血，止咳化痰，用于肺虚咳嗽，小儿消化不良等。

【药材名】
锦鸡儿（jin ji er）

【药用植物名】
锦鸡儿（jin ji er）
Caragana sinica (Buc'hoz) Rehd.

【别名】
黄雀花、土黄豆、粘粘袜、酱瓣子、阳雀花。

【产地与分布】
产于湖南、湖北、广西、贵州、四川、云南、江西、浙江、江苏、福建等地。

【采收加工】
根部用药，全年可挖，洗净去除须根，晒干切片。

【识别特征】
灌木，高 1 ～ 2 m。树皮深褐色；小枝有棱，无毛。托叶三角形，硬化成针刺，长 5 ～ 7 mm；叶轴脱落或硬化成针刺，针刺长 7 ～ 15（25）mm；小叶 2 对，羽状，有时假掌状，上部 1 对常较下部的为大，厚革质或硬纸质，倒卵形或长圆状倒卵形，长 1 ～ 3.5 cm，宽 5 ～ 15 mm。花萼钟状，长 12 ～ 14 mm，宽 6 ～ 9 mm，基部偏斜；花冠黄色，常带红色。花期 4 ～ 5 月，果期 7 月。

34. 灰毡毛忍冬
Lonicera macranthoides Hand.-Mazz.

【药材名】
山银花（shan ying hua）

【药用植物名】
灰毡毛忍冬（hui zhan mao ren dong）
Lonicera macranthoides Hand.-Mazz.

【别名】
金银花，山银花，大解毒茶，大山花，大金银花，拟大花忍冬、左转藤等。

【产地与分布】
主产湖南、湖北、江西、浙江、贵州、四川、浙江、广东、安徽等地。生于山谷、山坡、山顶混交林内或灌丛。

【功效主治】
性寒、味甘。清热解毒、抗炎、增强免疫、护肝、抗肿瘤。治胀满下疾、温病发热、热毒痈疡和肿瘤等。

【识别特征】
木质藤本；幼枝、顶梢、总花梗有绒状短毛。叶革质、卵形或卵状披针形，叶下面被有灰白色或灰黄色毡毛。花未开时绿色，开后由白转黄色，花密集小枝梢成圆锥状花序。花期 6 月中旬至 7 月上旬，果熟期 10 ～ 11 月。

35. 木姜叶柯
Lithocarpus litseifolius (Hance) Chun

【药材名】
甜茶（tian cha）

【药用植物名】
木姜叶柯（Mu jiang ye ke）
Lithocarpus litseifolius (Hance) Chun，以前记为多穗石柯 *(Duo sui shi ke)* 或多穗柯 *(Duo sui ke) Lilhocarpus Polystachys* Rehd

【别名】
多穗石栎、多穗柯、多穗石柯、甜茶、甜叶子树，在湖南省溆浦县又称为“溆浦瑶茶”。

【产地与分布】
广泛分布于长江中下游地区，主产在湖南、四川、贵州、江西、浙江等省。

【功效主治】
味甘、微苦、性平；用于延缓衰老、抗氧化，降血压，降血脂，降血糖，清热解毒，化痰、祛风等。

【采收加工】
春、夏、秋季摘嫩叶，晒干或鲜用，也可按照绿茶制作工艺制作代用茶。

【识别特征】
常绿乔木，小枝幼时淡褐色，老时干后暗褐黑色。叶嚼食有明显甜味，互生；叶柄长 2 ～ 2.5 cm，基部增粗，常呈暗褐色，有时被灰白色粉霜；叶片革质，长椭圆形或卵状长椭圆形，长 7 ～ 14 cm，宽 3 ～ 4 cm，先端急尖或突然渐尖，基部楔形，全缘，无毛，下面稍带灰白色。花期 5 ～ 9 月，果期翌年 5 ～ 9 月。

36. 显齿蛇葡萄

Ampelopsis grossedentata (Hand.-Mazz.) W. T. Wang

【药材名】

蛇葡萄（she pu tao）

【药用植物名】

显齿蛇葡萄（xian chi she pu tao）

Ampelopsis grossedentata (Hand.-Mazz.) W. T. Wang

【别名】

藤茶、霉茶。

【产地与分布】

产于湖南、江西、福建、湖北、广东、广西、贵州、云南。生于山沟谷林中或山坡灌丛，海拔 200 ～ 1 500 m。

【功效主治】

降血糖，降血压，抗氧化，降血脂，护肝。

【采收加工】

春、夏、秋季摘叶，晒干，也可按照绿茶制作工艺制作成代用茶。

【识别特征】

木质藤本。小枝圆柱形，有显著纵棱纹，无毛。卷须 2 叉分枝，相隔 2 节间断与叶对生。叶为 1 ～ 2 回羽状复叶，2 回羽状复叶者基部一对为 3 小叶，小叶边缘有 2 ～ 5 个锯齿，上面绿色，下面浅绿色。花序为伞房状多歧聚伞花序，与叶对生，花白色；果近球形，红黑色，直径 0.6 ～ 1 cm，有种子 2 ～ 4 颗；种子倒卵圆形。花期 5 ～ 8 月，果期 8 ～ 12 月。

37. 南五味子
Kadsura longipedunculata Finet et Gagnep.

【药材名】
五味子（wu wei zi）

【药用植物名】
南五味子（nan wu wei zi）
Kadsura longipedunculata Finet et Gagnep.

【别名】
红木香、紫金藤、紫荆皮，盘柱香。

【产地与分布】
黄河流域以南各省都有分布。

【功效主治】
收敛固涩，益气生津，补肾宁心。用于久嗽虚喘，梦遗滑精。

【采收加工】
霜降后果实完全成熟时采摘，拣去果枝及杂质，晒干。

【识别特征】
藤本，各部无毛。叶长圆状披针形、倒卵状披针形或卵状长圆形，长5～13 cm，宽2～6 cm，先端渐尖或尖，基部狭楔形或宽楔形，边有疏齿，侧脉上面具淡褐色透明腺点。聚合果球形，径1.5～3.5 cm；小浆果倒卵圆形，长8～14 mm，外果皮薄革质，干时显出种子。种子2～3，稀4～5，肾形或肾状椭圆体形，长4～6 mm，宽3～5 mm。花期6～9月，果期9～12月。

38. 萝　藦
metaplexis japonica (Thunb.)makino

【药材名】
萝藦（luo mo）

【药用植物名】
萝藦（luo mo）
metaplexis japonica (Thunb.)makino

【别名】
白环藤、羊婆奶、斑风藤、奶浆藤、洋飘飘。

【产地与分布】
产于湖南、湖北、贵州、河南、河北等地。

【功效主治】
补益精气，补血行气，虚损劳伤。

【采收加工】
7～8月份采集全草，晒干或鲜用。

【识别特征】
多年生草质缠绕藤本，有乳汁；单叶对生，长卵形；总状聚伞花序，腋生或腋外生；花冠白色，有淡紫红色斑纹，近辐状，5裂；蓇葖果双生，纺锤形；种子具白色绢质种毛。

39. 掌叶复盆子

Rubus chingii Hu

【药材名】

覆盘子（fu pan zi）

【药用植物名】

掌叶复盆子（zhang ye fu pen zi）

Rubus chingii Hu

【别名】

覆盆、乌藨子、小托盘。

【产地与分布】

产于湖南、湖北、江西、江苏、浙江、安徽、福建、广西等地。

【功效主治】

治遗精滑精，遗尿尿频，阳痿早泄，目暗昏花等。

【采收加工】

夏初果实由绿变绿黄时采收，除去梗、叶，置沸水中略烫或略蒸，取出，干燥。

【识别特征】

藤状灌木，高1.5～3m；枝细，具皮刺，无毛。单叶，近圆形，直径4～9cm，基部心形，边缘掌状，深裂，稀3或7裂，叶柄长2～4cm，疏生小皮刺。单花腋生，直径2.5～4cm；花梗长2～3.5(4)cm，无毛；萼片卵形或卵状长圆形，顶端具凸尖头，外面密被短柔毛；花瓣椭圆形或卵状长圆形，白色。果实近球形，红色，直径1.5～2cm，密被灰白色柔毛；核有皱纹。花期3～4月，果期5～6月。

40. 葛

Pueraria lobata (Willd.) Ohwi

【药材名】

葛根（ge gen）

【药用植物名】

葛（ge）

Pueraria lobata (Willd.) Ohwi

【别名】

甘葛、野葛、葛条根。

【产地与分布】

南方各地均有分布。

【功效主治】

升阳解肌，降血压，改善心血管，护肝。

【采收加工】

春、秋采挖，洗净，除去外皮，切片，晒干或烘干。

【识别特征】

粗壮藤本，长可达8 m，全体被黄色长硬毛，茎基部木质，有粗厚的块状根。羽状复叶具3小叶；小叶三裂，偶尔全缘，侧生小叶斜卵形，稍小，上面被淡黄色、平伏的疏柔毛，下面较密；小叶柄被黄褐色绒毛。总状花序长15～30 cm，中部以上有颇密集的花；花2～3朵聚生于花序轴的节上；花紫色，旗瓣倒卵形，翼瓣镰状，较龙骨瓣为狭。花期9～10月，果期11～12月。

41. 杜　仲
Eucommia ulmoides Oliver l. c.

【药材名】
杜仲（du zhong）

【药用植物名】
杜仲（du zhong）
Eucommia ulmoides Oliver l. c.

【别名】
胶木、丝仙、木绵、思仲、丝连皮。

【产地与分布】
产于南方各省区，湖南等地有大量栽培。生长于海拔 300 ～ 500 m 的低山，谷地或低坡的疏林里。

【功效主治】
树皮药用，作为强壮剂及降血压，并能治腰膝痛、风湿及习惯性流产等。

【采收加工】
选树龄 10 年左右植株，6 ～ 7 月用半环剥法剥取树皮。除去粗皮，洗净，润透，切成方块，晒干。

【识别特征】
落叶乔木；树皮灰褐色，粗糙，内含橡胶，折断拉开有多数细丝。单叶互生，椭圆形，长 7 ～ 14 cm。有锯齿，羽状脉，老叶表面网脉下限，无托叶折断拉开亦有多数细丝。嫩枝有黄褐色毛，不久变秃净，老枝有明显的皮孔。早春开花，秋后果实成熟。

42. 南酸枣

Choerospondias axillaris (Roxb.) Burtt et Hill.

【药材名】

南酸枣（nan suan zao）

【药用植物名】

南酸枣（nan suan zao）

Choerospondias axillaris (Roxb.) Burtt et Hill.

【别名】

五眼果、广枣、山枣、酸枣。

【产地与分布】

产于南方各省区。生于海拔300～2000m的山坡、丘陵或沟谷林中。

【功效主治】

行气活血，养心安神，消积，解毒。用于气滞血瘀、胸痛、心悸气短；神经衰弱、支气管炎、疝气、烫火伤等。

【采收加工】

秋季果实初成熟时采摘，晒干。

【识别特征】

落叶乔木，高8～20m；树皮灰褐色，片状剥落，小枝粗壮，暗紫褐色，无毛，具皮孔。奇数羽状复叶互生，长25～40cm，小叶柄长3～5mm，小叶7～15枚，对生，膜质至纸质，卵状椭圆形或长椭圆形，长4～12cm，宽2～5cm。果核较大且非常坚硬。花期4～5月，果期9～11月。

43. 刺葡萄

Vitis davidii (Roman. du Caill.) Foex

【药材名】

刺葡萄（ci pu tao）

【药用植物名】

刺葡萄（ci pu tao）

Vitis davidii (Roman. du Caill.) Foex

【别名】

野葡萄、山葡萄。

【产地与分布】

产于南方各省区。生山坡、沟谷林中或灌丛，海拔600～1800 m

【功效主治】

果供生食或酿酒。根供药用，可治筋骨伤痛。

【采收加工】

秋季果实成熟时采摘。

【识别特征】

木质藤本，小枝无毛，有皮刺。叶卵状椭圆形，长5～15 cm，先端尾尖，基部心形。圆锥花序与叶对生，长7～24 cm，花序梗长1～2.5 cm。浆果球形，径1.1～2.5 cm，成熟后紫红色。花期4～6月，果期7～8月。

44. 木 槿
Hibiscus syriacus Linn.

【药材名】
木槿（mu jin）

【药用植物名】
木槿（mu jin）
Hibiscus syriacus Linn.

【别名】
木棉、荆条、朝开暮落花、喇叭花。

【产地与分布】
产于福建、广东、广西、云南、贵州、四川、湖南、江西、浙江、江苏等省区。

【功效主治】
花、果、根、叶和皮均可入药，具有防治病毒性疾病和降低胆固醇的作用。

【采收加工】
5～10月采收，加工晒干。

【识别特征】
落叶灌木，高3～4m。叶菱形至三角状卵形，长3～10cm，宽2～4cm，具深浅不同的3裂或不裂。花单生于枝端叶腋间，花梗长4～14mm；花萼钟形，裂片5，三角形；花钟形，淡紫色，直径5～6cm，花瓣倒卵形，长3.5～4.5cm，外面疏被纤毛和星状长柔毛。蒴果卵圆形，直径约12mm，密被黄色星状绒毛；种子肾形。花期7～10月。

45. 蔓胡颓子
Elaeagnus glabra Thunb.

【药材名】
蔓胡颓子（man hu tui zi）

【药用植物名】
蔓胡颓子（man hu tui zi）
Elaeagnus glabra Thunb.

【别名】
羊奶果、拟独、羊奶奶、抱君子、藤胡颓子。

【产地与分布】
产湖南、湖北、江西、江苏、浙江、福建、四川、贵州、广东、广西等地；常生于海拔 1 000 m 以下的向阳林中或林缘。

【功效主治】
根： 行气止痛、利水通淋，治风湿骨痛、跌打肿痛、肝炎、胃病、吐血、砂淋；叶： 收敛止泻、止咳平喘，用于咳嗽痰喘，鱼骨哽喉；果：利水通淋，用于泄泻。

【采收加工】
根与叶可随用随采，洗净晒干。果成熟后采收可鲜食或酿酒。

【识别特征】
常绿蔓生或攀援灌木，无刺或稀具刺；幼枝密被锈色鳞片。叶革质，卵形或卵状椭圆形，长 4 ～ 12 cm，宽 2.5 ～ 5 cm，上面幼时具褐色鳞片，成熟后脱落，下面灰绿色或铜绿色，被褐色鳞片。花淡白色，下垂，密被银白色和散生少数褐色鳞片，常 3 ～ 7 花密生于叶腋短小枝上成伞形总状花序；花梗锈色。果实矩圆形，稍有汁，长 14 ～ 19 mm，被锈色鳞片，成熟时红色。花期 9 ～ 11 月，果期次年 4 ～ 5 月。

46. 地 菍

Melastoma dodecandrum Lour.

【药材名】

地菍（di ren）

【药用植物名】

地菍（di ren）

Melastoma dodecandrum Lour.

【别名】

紫茄子、土茄子、地蒲根、地脚菍、地樱子、地枇杷。

【产地与分布】

产于湖南、贵州、广西、广东，江西、浙江、福建等地。生于海拔 1 250 m 以下的山坡矮草丛中，为酸性土壤常见的植物。

【功效主治】

果可食，亦可酿酒；全株供药用，有涩肠止痢、舒筋活血、补血安胎、清热燥湿等作用。

【采收加工】

地菍果实的成熟期不一致，当其果实外皮呈黑色，果蒂和果肉紫红色时，才可以分期收获。5 ～ 6 月采收全株晒干可供药用。

【识别特征】

小灌木，长 10 ～ 30 cm；茎匍匐上升，逐节生根，叶片坚纸质，卵形或椭圆形，叶面通常仅边缘被糙伏毛，聚伞花序，果坛状球状。花期 5 ～ 7 月，果期 7 ～ 9 月。

47. 尼泊尔老鹳草

Geranium nepalense Sweet

【药材名】
五叶草（wu ye cao）

【药用植物名】
尼泊尔老鹳草（ni bo er lao guan cao）
Geranium nepalense Sweet

【别名】
老鹳嘴、老鸦嘴、贯筋、老贯筋、老牛筋。

【产地与分布】
产于湖南、浙江、福建和台湾等地。生于山地林缘、灌丛和杂草山坡。

【功效主治】
全草入药，具有强筋骨、祛风湿、收敛和止泻之效。

【采收加工】
全年均可采收，洗净，鲜用或晒干。

【识别特征】
多年生草本，高 30 ～ 50 cm。根为直根，多分枝，纤维状。茎多数，细弱，多分枝，仰卧，被倒生柔毛。叶对生或偶为互生；叶片五角状肾形，茎部心形，掌状 5 深裂，长 2 ～ 4 cm，宽 3 ～ 5 cm，表面被疏伏毛；上部叶具短柄，叶片较小，通常 3 裂。总花梗腋生，每梗 2 花，少有 1 花；花瓣紫红色或淡紫红色，倒卵形。蒴果长 15 ～ 17 mm，果瓣被长柔毛，喙被短柔毛。花期 4 ～ 9 月，果期 5 ～ 10 月。

48. 枸　骨

Ilex cornuta Lindl. et Paxt.

【药材名】

枸骨（gou gu）

【药用植物名】

枸骨（gou gu）

Ilex cornuta Lindl. et Paxt.

【别名】

猫儿刺、老虎刺、八角刺、鸟不宿、狗骨刺。

【产地与分布】

产于湖南、湖北、江苏、上海、浙江、江西等地。生于山坡谷地灌木丛中。

【功效主治】

根有滋补强壮、活络、清风热、祛风湿之功效；枝叶用于肺痨咳嗽、劳伤失血、腰膝痿弱、风湿痹痛；果实用于阴虚身热、淋浊、崩带、筋骨疼痛等症。

【采收加工】

全年均可采收，以 8 ～ 12 月所采为多，晒干即可。

【识别特征】

为常绿灌木或小乔木，叶形奇特，叶片厚革质，二型，四角状长圆形或卵形，长 4 ～ 9 cm，宽 2 ～ 4 cm，先端具 3 枚尖硬刺齿，中央刺齿常反曲，基部圆形或近截形，两侧各具 1 ～ 2 刺齿。花序簇生于二年生枝的叶腋内；花淡黄色，4 基数。果球形，直径 8 ～ 10 mm，成熟时鲜红色，基部具四角形宿存花萼。花期 4 ～ 5 月，果期 10 ～ 12 月。

49. 枣
Ziziphus jujuba Mill.

【药材名】
枣（zɑo）

【药用植物名】
枣（zɑo）
Ziziphus jujuba Mill.

【别名】
枣树、枣子、大枣、红枣树、刺枣。

【产地与分布】
南方大部分地区均有分布。生长于海拔1 700 m以下的山区、丘陵或平原。

【功效主治】
有养胃、健脾、益血、滋补、强身之效。

【采收加工】
待果实成熟时采摘，直接晒干。

【识别特征】
落叶小乔木，稀灌木；有2个托叶刺，长刺可达3 cm，粗直，短刺下弯，长4～6 mm。叶纸质，长3～7 cm，宽1.5～4 cm，基生三出脉。花黄绿色，两性，5基数，具短总花梗，单生或2～8个密集成腋生聚伞花序。核果矩圆形或长卵圆形，长2～3.5 cm，直径1.5～2 cm，具1或2种子，果梗长2～5 mm；种子扁椭圆形，长约1 cm，宽8 mm。花期5～7月，果期8～9月。

50. 枳 椇

Hovenia acerba Lindl.

【药材名】

枳椇（zhi ju）

【药用植物名】

枳椇（zhi ju）

Hovenia acerba Lindl.

【别名】

枳椇、拐枣、鸡爪子、枸、鸡爪树。

【产地与分布】

产于湖南、湖北、四川、云南、贵州、江苏、浙江、江西、福建、广东、广西等地。生于海拔 2100 m 以下的开旷地、山坡林缘或疏林中。

【功效主治】

民间常用以浸制“拐枣酒”，能治风湿。其皮可活血，舒筋解毒，用于腓肠肌痉挛，食积。果梗可健胃、补血。种子为清凉利尿药，能解酒毒，适用于热病消渴、酒醉、烦渴、呕吐、发热等症。

【采收加工】

树皮全年可采；种子于果熟时采集晒干，碾碎果壳收种子。

【识别特征】

落叶阔叶乔木，小枝褐色或黑紫色，有明显白色的皮孔。单叶互生，厚纸质至革质，长 8 ～ 17 cm，宽 6 ～ 12 cm，基脉三出不达齿端，叶柄红褐色具 4 ～ 5 腺体。花淡黄绿色，花瓣 5 数。浆果状核果近球形，直径 5 ～ 6.5 mm，无毛，成熟时黄褐色或棕褐色，果序轴明显膨大，肥厚扭曲，味甜可食。种子暗褐色或黑紫色。花期 5 ～ 7 月，果期 8 ～ 10 月。

51. 绞股蓝

Gynostemma pentaphyllum (Thunb.)makino.

【药材名】

绞股蓝（jiao gu lan）

【药用植物名】

绞股蓝（jiao gu lan）

Gynostemma pentaphyllum (Thunb.)makino.

【别名】

南方人参、天堂草、福音草、遍地生根、七叶胆、五叶参。

【产地与分布】

主要分布在湖南、湖北，云南、广西等地。生于海拔 300 ～ 3 200 m 的山谷密林中、山坡疏林、灌丛中或路旁草丛中。

【功效主治】

有能益气，安神，增强免疫，消炎解毒、止咳祛痰等功效。可治疗高血压、高血脂、高血糖，脂肪肝等症。

【采收加工】

全草入药。每年夏、秋两季可采收 3 ～ 4 次，洗净、晒干。

【识别特征】

草质攀援植物；茎细弱，具分枝，具纵棱及槽，无毛或疏被短柔毛。叶膜质或纸质，具 3 ～ 9 小叶，边缘具波状齿或圆齿状牙齿，上面深绿色，背面淡绿色，种子卵状心形，径约 4 mm，灰褐色或深褐色，顶端钝，基部心形，压扁，两面具乳突状凸起。花期 3 ～ 11 月，果期 4 ～ 12 月。

52. 罗汉果

Siraitia grosvenorii (Swingle) C. Jeffrey ex Lu et Z. Y. Zhang

【药材名】

罗汉果（luo han guo）

【药用植物名】

罗汉果（luo han guo）

Siraitia grosvenorii (Swingle) C. Jeffrey ex Lu et Z. Y. Zhang

【别名】

拉汗果、假苦瓜、光果木鳖、金不换、裸龟巴。

【产地与分布】

产于湖南南部、贵州、广西、广东和江西等地。常生于海拔 400 ～ 1 400 m 的山坡林下及河边湿地、灌丛。

【功效主治】

果实入药，味甘甜，甜度远高于蔗糖，有润肺、祛痰、消渴之效，也可作清凉饮料，煎汤代茶，能润解肺燥；叶子晒干后临床用以治慢性咽炎、慢性支气管炎等。

【采收加工】

一般在秋季果实由嫩绿变深绿、果柄变黄时采摘。

【识别特征】

攀援草本；根多年生，肥大，纺锤形或近球形；茎、枝稍粗壮，有棱沟，初被黄褐色柔毛和黑色疣状腺鳞，后毛渐脱落变近无毛。果实球形或长圆形，长 6 ～ 11 cm，径 4 ～ 8 cm，初密生黄褐色茸毛和混生黑色腺鳞，老后渐脱落而仅在果梗着生处残存一圈茸毛，果皮较薄，干后易脆。种子多数，淡黄色。花期 5 ～ 7 月，果期 7 ～ 9 月。

53. 山茱萸
Cornus officinalis Sieb. et Zucc.

【功效主治】
本种果实称"萸肉"，俗名枣皮，供药用，味酸涩，性微温，为收敛性强壮药，有补肝肾止汗的功效。

【采收加工】
成熟果实采收晒干。

【识别特征】
落叶乔木或灌木，高4～10m；树皮灰褐色；小枝细圆柱形，冬芽顶生及腋生。叶对生，纸质，卵状披针形或卵状椭圆形，长5.5～10cm，宽2.5～4.5cm。伞形花序生于枝侧，有总苞片4，卵形，厚纸质至革质，长约8mm，带紫色，两侧略被短柔毛，开花后脱落；花小，两性，先叶开放。核果长椭圆形，长1.2～1.7cm，直径5～7mm，红色至紫红色。花期3～4月，果期9～10月。

【药材名】
山茱萸（shan zhu yu）

【药用植物名】
山茱萸（shan zhu yu）
Cornus officinalis Sieb. et Zucc.

【别名】
山萸肉、山芋肉、山于肉。

【产地与分布】
产于湖南、江西、江苏、浙江等地。生于海拔400～1500m林缘或森林中。

54. 五　加

Acanthopanax gracilistylus W. W. Smith

【药材名】

五加（wu jiɑ）

【药用植物名】

五加（wu jiɑ）

Acanthopanax gracilistylus W. W. Smith

【别名】

五佳、五花、文章草、白刺、追风使、木骨。

【产地与分布】

南方各省均有分布。生于灌木丛林、林缘、山坡路旁和村落中。

【功效主治】

根皮供药用，中药称“五加皮”，补肝肾，强筋骨，活血脉，祛风化湿。“五加皮酒”即系五加根皮泡酒制成。

【采收加工】

秋季采收，以采挖野生或栽培的五加树根皮加工入药。

【识别特征】

灌木，高 2 ～ 3 m；茎密生细长倒刺。掌状复叶互生，小叶 5，稀 4 或 3，边缘具尖锐重锯齿或锯齿。花黄绿色；萼边缘近全缘或有 5 小齿；浆果状核果近球形或卵形，干后具 5 棱，有宿存花柱。花期 4 ～ 8 月，果期 6 ～ 10 月。

55. 菟丝子

Cuscuta chinensis Lam.

【药材名】

菟丝子（tu si zi）

【药用植物名】

菟丝子（tu si zi）

Cuscuta chinensis Lam.

【别名】

黄丝、豆寄生、龙须子、豆阎王、山麻子、无根草。

【产地与分布】

我国南方大部分地区均有分布。生于海拔 200 ～ 3 000 m 的田边、山坡阳处、路边灌丛或海边沙丘，通常寄生于豆科、菊科、蒺藜科等多种植物上。

【功效主治】

种子药用，有补肝肾、益精壮阳、止泻的功效。

【采收加工】

7 ～ 9 月种子成熟时，种子或全草除去杂质，洗净，晒干。

【识别特征】

一年生寄生草本。茎缠绕，黄色，纤细，直径约 1 mm，无叶。花序侧生，少花或多花簇生；花冠白色，壶形，长约 3 mm。蒴果球形，直径约 3 mm，成熟时整齐地周裂。

56. 金灯藤
Cuscuta japonica Choisy

【药材名】
日本菟丝子（ri ben tu si zi）

【药用植物名】
金灯藤 （jin deng teng）
Cuscuta japonica Choisy

【别名】
日本菟丝子、大菟丝子、无娘藤、金灯笼、无根藤。

【产地与分布】
我国南方各地均有分布，寄生于草本或灌木上。

【功效主治】
种子药用，功效同菟丝子，具有补肝肾、益精壮阳和止泻作用。

【采收加工】
7～9月种子成熟时，种子或全草除去杂质，洗净，晒干。

【识别特征】
一年生寄生缠绕草本，茎较粗壮，肉质，黄色，常带紫红色小疣点，缠绕于其他树木上，无毛，多分枝。叶退化为三角形小鳞片。种子1～2个，光滑，长2～2.5㎜，褐色。花期8月，果期9月。

【喻勋林 摄】

57. 南 烛

Vaccinium bracteatum Thunb.

【药材名】
乌饭树（wu fan shu）

【药用植物名】
南烛（nan zhu）
Vaccinium bracteatum Thunb.

【别名】
南烛、西烛叶、乌米饭、苞越桔、牛筋树。

【产地与分布】
分布于我国南方各地，因人们有每年农历三月初三用其叶蒸乌饭食用而得名。

【功效主治】
果实成熟后酸甜，可食；采摘枝、叶渍汁浸米，煮成“乌饭”，江南一带民间在寒食节有煮食乌饭的习惯；果实入药，名“南烛子”，有强筋益气、固精之效。

【采收加工】
果实呈紫黑色时及时采收。

【识别特征】
常绿灌木或小乔木，分枝多，幼枝被短柔毛或无毛，老枝紫褐色，无毛。叶片薄革质，椭圆形、菱状椭圆形、披针状椭圆形至披针形。总状花序顶生和腋生，长 4 ～ 10 cm，有多数花，花序轴密被短柔毛，稀无毛。浆果直径 5 ～ 8 mm，熟时紫黑色，外面通常被短柔毛，稀无毛。花期 6 ～ 7 月，果期 8 ～ 10 月。

【喻勋林 摄】

【喻勋林 摄】

58. 女　贞
Ligustrum lucidum Ait.

【药材名】
女贞子（nü zhen zi）

【药用植物名】
女贞（nü zhen）
Ligustrum lucidum Ait.

【别名】
白蜡树、冬青、蜡树、女桢、将军树。

【产地与分布】
产于长江以南至华南、西南各省区。生于海拔 2 900 m 以下疏、密林中。

【功效主治】
成熟果实晒干为中药女贞子，性凉、味甘苦，可明目、乌发、补肝肾。

【采收加工】
一般在 10 ～ 12 月间，果实成熟变黑而被有白粉时，将果实摘下，晒干。

【识别特征】
灌木或乔木，高可达 25 m；树皮灰褐色。枝黄褐色、灰色或紫红色，圆柱形，疏生圆形或长圆形皮孔。叶片常绿，革质，卵形。圆锥花序顶生，长 8 ～ 20 cm。果肾形或近肾形，长 7 ～ 10 mm，深蓝黑色，成熟时成红黑色，被白粉。花期 5 ～ 7 月，果期 7 月至翌年 5 月。

59. 栀　子

Gardenia jasminoides Ellis

【药材名】

栀子（zhi zi）

【药用植物名】

栀子（zhi zi）

Gardenia jasminoides Ellis

【别名】

黄果子、山黄枝、黄栀、越桃、木丹、山黄栀。

【产地与分布】

分布于南方各地，并被广泛种植。

【功效主治】

药食两用资源，具有护肝、利胆、降压、镇静、止血、消肿等作用。在中医临床常用于治疗黄疸型肝炎、扭挫伤、高血压、糖尿病等症。

【采收加工】

多于每年霜降后果实逐渐由青变红黄时采收。将采摘的果实除去果柄等杂物，经水略煮或蒸，取出晒或烘至七成干，置通风处堆放 2 ～ 3 天，再晒干或文火烘干。

【识别特征】

灌木，高 0.3 ～ 3 m；嫩枝常被短毛，枝圆柱形，灰色。叶对生，革质，稀为纸质，少为 3 枚轮生。花芳香，通常单朵生于枝顶，花期 3 ～ 7 月，果期 5 月至翌年 2 月。

60. 鳢　肠
Eclipta prostrata (L.) L.

【药材名】
旱莲草（han lian cao）

【药用植物名】
鳢肠（li chang）
Eclipta prostrata (L.) L.

【别名】
旱莲草、墨莱、墨水草、乌心草。

【产地与分布】
南方各地均有分布。生于河边、田边或路旁。

【功效主治】
全草入药，有凉血、止血、消肿、强壮的功效。滋补肝肾、凉血止血，可治各种吐血、肠出血等症。

【采收加工】
夏秋季收采全草，鲜用或洗净晒干。

【识别特征】
一年生草本，茎被贴生糙毛。叶两面被密硬糙毛。头状花序有长 2 ～ 4 cm 的细花序梗；总苞球状钟形，5 ～ 6 个排成 2 层；外围的雌花 2 层，舌状，中央的两性花多数，花冠管状，白色；瘦果暗褐色。花期 6 ～ 9 月。

61. 鼠麴草
Gnaphalium affine D. Don

【药材名】
鼠麴草（shu qu cao）

【药用植物名】
鼠麴草（shu qu cao）
Gnaphalium affine D. Don

【别名】
鼠草、清明草、念子花、佛耳草、寒食菜、绵菜、香芹娘等。

【产地与分布】
华中、华东、华南、华北、西北及西南各省区均有分布。喜生长路旁、草地、闲置田地中。

【功效主治】
性平、化痰、止咳、降压、祛风。治气喘、支气管炎创伤、非传染性溃疡等。嫩苗直接食用或加入米粉做糕团食用。

【识别特征】
一年生草本。茎直立或基部分枝斜升，高 10 ～ 40 cm，全株有白色厚绒毛。叶匙状倒披针形、无柄、互生于茎上。头状花序密集于枝顶呈伞房花序，花黄色至淡黄色。花期 1 ～ 4 月，8 ～ 11 月。

62. 白　术
Atractylodesmacrocephala Koidz.

【药材名】
白术（bai zhu）

【药用植物名】
白术（bai zhu）
Atractylodesmacrocephala Koidz.

【别名】
于术、冬白术、浙术、吴术。

【产地与分布】
自然分布于湖南、江西、浙江、四川等地，野生于山坡草地及山坡林下。

【功效主治】
有益气健脾、燥湿化浊之效。用于脾虚食少、消化不良、倦怠无力、自汗等。

【采收加工】
茎叶转枯褐色时，挖取 2 ～ 3 年生植物根部，剪去茎杆，敲去泥土，留下根茎，烘干、切片或整个晒干。

【识别特征】
多年生草本，根状茎结节状。茎直立，全部光滑无毛。叶片通常 3 ～ 5 羽状全裂，顶裂片比侧裂片大。植株通常有 6 ～ 10 个头状花序，苞叶绿色，针刺状羽状全裂。全部苞片顶端钝，边缘有白色蛛丝毛。小花紫红色。瘦果倒圆锥状，被长直毛。花果期 8 ～ 10 月。

63. 百　合
Lilium brownii var. *viridulum* Baker

【药材名】
百合（bai he）

【药用植物名】
百合（bai he）
Lilium brownii var. *viridulum* Baker

【别名】
喇叭花、百合蒜、卷丹、山丹、蒜脑薯、夜合花、番韭、摩罗、中逢花等。

【产地与分布】
全国各地均产，湖南、浙江出产较多。喜凉爽、干燥环境，怕水涝。

【功效主治】
味甘；性微寒；归心、肺经。养阴润肺、清心安神。主用于阴虚久嗽、痰中带血、虚烦惊悸、失眠多梦、精神恍惚等。鲜干食均可，独食或作主配料。

【采收加工】
秋季晴天采挖。加工分剥片、泡片、晒片等过程。

【识别特征】
多年生草本，株高 70 cm 以上，茎直立、不分枝、草绿色、基部略带红色或紫褐色。叶互生、无柄，披针形至椭圆状披针形。7 月开花，花大、多白色、漏斗形，单生于茎顶。淡白色鳞茎球形，由多数肉质肥厚、卵匙形的鳞片聚合而成。

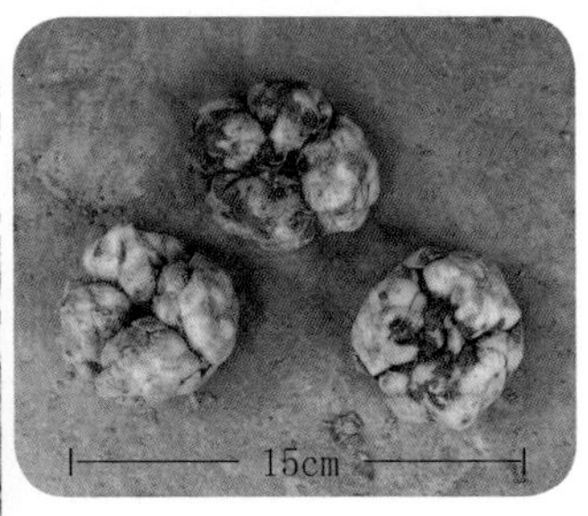

64. 万寿竹

Disporum cantoniense (Lour.) merr.

【药材名】

万寿竹（wan shou zhu）

【药用植物名】

万寿竹（wan shou zhu）

Disporum cantoniense (Lour.) merr.

【别名】

白龙须、白毛七、白毛须。

【产地与分布】

产于湖南、湖北、福建、台湾、广东、广西、贵州、云南、四川等地。生于灌丛中或林下，海拔700～3 000 m。

【功效主治】

根状茎供药用，有益气补肾、润肺止咳之效。

【采收加工】

秋季采挖，去除地上部及须根，洗净放入锅中稍煮片刻，捞出晒干。

【识别特征】

多年生草本，根状茎横出，质地硬，呈结节状；根粗长，肉质。茎高 50～150 cm，上部有较多的叉状分枝。叶纸质，下面脉上和边缘有乳头状突起，叶柄短。伞形花序有花 3～10 朵，着生在与上部叶对生的短枝顶端；花紫色。浆果。花期 5～7 月，果期 8～10 月。

65. 黄 精

Polygonatum sibiricum Red.

【药材名】

黄精（huang jing）

【药用植物名】

黄精（huang jing）

Polygonatum sibiricum Red.

【别名】

鸡头黄精、土灵芝、笔管菜、仙人余粮、鸡爪参、老虎姜等。

【产地与分布】

产于湖南、湖北、浙江、黑龙江、河北等。喜生林下、灌丛或山坡半阴处。

【功效主治】

味甘、性平。补气、养阴，壮筋骨，益精髓。治肺痨咳血，赤白带、肺结核、小儿下肢痿软、胃热口渴、高脂血症、白细胞减少症、糖尿病等。嫩叶焯熟后凉拌食用，根茎可独食或作主配料。

【注意】

黄精根茎中寒泄泻，痰湿痞满气滞者忌服。

【采收加工】

春季采食嫩叶，9～10月采挖根茎，根茎鲜用或经搓揉拌晒干后切片。

【识别特征】

根状茎圆柱状、肥大肉质、结节膨大。茎直立或有时呈攀援状、圆柱形、无分枝、高50～90cm。叶条状披针形、无柄，4～6枚轮生。花期5～6月，花序通常具2～4朵，似呈伞形状，花被乳白色至淡黄色。浆果直径7～10mm，黑色，果期8～9月。

66. 韭

Allium tuberosum Rottler ex Sprengle

【药材名】

韭菜子（jiu cai zi）

【药用植物名】

韭（jiu）

Allium tuberosum Rottler ex Sprengle

【别名】

韭菜、起阳草、长生韭、懒人菜。

【产地与分布】

全国广泛栽培，亦有野生植株。

【功效主治】

有补肝肾、暖腰膝、助阳固精的功能。治梦中遗精、阳痿、便血、冷痛等症。

【采收加工】

秋季果熟时采收果序，晒干，搓出种子，去杂质。

【识别特征】

多年生草本，鳞茎簇生，鳞茎外皮暗黄色至黄褐色，破裂成纤维状。叶条形，扁平，实心，比花葶短，宽 1.5 ～ 8 mm，边缘平滑。伞形花序半球状或近球状，具多但较稀疏的花；花白色；花被片常具绿色或黄绿色的中脉。花果期 7 ～ 9 月。

67. 山麦冬

Liriope spicata (Thunb.) Lour.

【药材名】

麦冬（mai dong）

【药用植物名】

山麦冬（shan mai dong）

Liriope spicata (Thunb.) Lour.

【别名】

大麦冬、土麦冬、鱼子兰、麦门冬。

【产地与分布】

南方各地广泛分布和栽培。生于海拔50～1 400 m的山坡、山谷林下、路旁或湿地。

【功效主治】

有养阴生津、润肺清心的功效。用于肺燥干咳、津少口渴等症。

【采收加工】

清明后挖出全株，带根切下，洗净，晒干。干后去除须根及杂质。

【识别特征】

多年生草本，根稍粗，近末端处常膨大成肉质小块根；根状茎短，木质，具地下走茎。叶基部常包以褐色的叶鞘，具5条脉，中脉比较明显，边缘具细锯齿。总状花序长6～15(20) cm，具多数花；花淡紫色或淡蓝色。种子近球形。花期5～7月，果期8～10月。

68. 仙　茅
Curculigo orchioides Gaertn.

【药材名】
仙茅（xian mao）

【药用植物名】
仙茅（xian mao）
Curculigo orchioides Gaertn.

【别名】
地棕、独茅、山党参、仙茅参、海南参。

【产地与分布】
产于湖南、湖北、江西、浙江、福建、台湾、广东、广西、四川南部、云南和贵州等地。生于海拔 1 600 m 以下的林中、草地或荒坡上。

【功效主治】
根状茎有补肾壮阳、益精补髓、散寒除湿之效，常用以治阳萎、遗精、腰膝冷痛或四肢麻木等症。

【采收加工】
秋冬采挖，除去地上部分及须根，洗净晒干。

【识别特征】
多年生草本，根状茎近圆柱状，粗厚，直生。叶大小变化甚大，基部渐狭成短柄或近无柄。花茎甚短，长 6 ～ 7 cm，大部分藏于鞘状叶柄基部之内，亦被毛；总状花序多少呈伞房状，通常具 4 ～ 6 朵花；花黄色。浆果近纺锤状，顶端有长喙。花果期 4 ～ 9 月。

69. 薯　蓣

Dioscorea opposita Thunb.

【药材名】
山药（shan yao）

【药用植物名】
薯蓣（shu yu）
Dioscorea opposita Thunb.

【别名】
野山豆、野脚板薯、面山药、淮山。

【产地与分布】
分布于湖南、湖北、浙江、江苏、江西、福建、台湾、广西北部、贵州、四川等地。生于山坡、山谷林下，溪边、路旁的灌丛中或杂草中。

【功效主治】
块茎为常用中药“淮山药”，有固肾益精、健脾补肺的功效；用于脾虚久泻、遗精等症。

【采收加工】
薯蓣块茎可直接食用，也可按中药制法做成干品。

【识别特征】
缠绕草质藤本。块茎长圆柱形，长可达1m多，断面干时白色。茎通常带紫红色，右旋，无毛。单叶，在茎下部互生，中部以上对生，很少3叶轮生；叶片变异大，叶腋内常有珠芽。雌雄异株。蒴果；种子四周有膜质翅。花期6～9月，果期7～11月。

70. 日本薯蓣

Dioscorea japonica Thunb.

【药材名】
日本薯蓣（ri ben shu yu）

【药用植物名】
日本薯蓣（ri ben shu yu）
Dioscorea japonica Thunb.

【别名】
山蝴蝶、野白菇、风车子、土淮山、千担苕。

【产地与分布】
分布于湖南、湖北、江西、江苏、浙江、福建、台湾、广东、广西、贵州、四川等地。喜生于向阳山坡、山谷、溪沟边、路旁的杂木林下或草丛中。

【功效主治】
健脾胃、益肺肾、补虚羸。治食脾虚食少、虚劳、喘咳、尿频、白带过多、消渴等症。

【采收加工】
秋冬采挖，去茎叶、泥土，洗净晒干。

【识别特征】
缠绕草质藤本。块茎长圆柱形，直径达 3 cm 左右，外皮棕黄色，干时皱缩。叶片纸质，变异大，通常为三角状披针形，有时茎上部为线状披针形至披针形；叶腋内有各种大小形状不等的珠芽。雌雄异株。蒴果；花期 5 ～ 10 月，果期 7 ～ 11 月。

71. 薏　苡
Coix lacryma-jobi Linn.

【药材名】
薏苡仁（yi yi ren）

【药用植物名】
薏苡（yi yi）
Coix lacryma-jobi Linn.

【别名】
菩提子、石粟子、苡米。

【产地与分布】
产于湖南、湖北、江西、江苏、浙江、福建、台湾、广东、广西、海南、四川、贵州、云南等地。生于湿润的屋旁、池塘、河沟、山谷、溪涧或易受涝的农田等地方，海拔200～2000 m处常见，野生或栽培。

【功效主治】
有利湿健脾、舒筋除痹、清热排脓之效。主治水肿脚气、小便淋沥、泄泻带下、风湿痹痛等。

【采收加工】
秋季待种子成熟，取全株，晒干，打下果实。去外壳和种皮，去除杂质，收集种子。

【识别特征】
一年生粗壮草本。秆直立丛生，节多分枝。叶鞘短于其节间，无毛；叶片扁平宽大，中脉粗厚。总状花序腋生成束，具长梗。雌小穗位于花序下部，外面包以骨质念珠状总苞；颖果小，含淀粉少，常不饱满。花果期6～12月。

72. 荸　荠

Heleocharis dulcis (Burm. f.) Trin.

【药材名】

荸荠 (bi qi)

【药用植物名】

荸荠 (bi qi)

Heleocharis dulcis (Burm. f.) Trin.

【别名】

马蹄、地栗。

【产地与分布】

原产印度，我国湖南、湖北、江西、广西、江苏、浙江、广东等地均有分布或栽培。

【功效主治】

球茎富含淀粉，供生食、熟食或提取淀粉，味甘美；也供药用，开胃解毒，消宿食，健肠胃。

【采收加工】

秋季球茎成熟挖取，洗净鲜用。

【识别特征】

多年生草本，在匍匐根状茎的顶端生块茎，俗称荸荠。秆多数，丛生，直立，有多数横隔膜。叶缺如，只在秆的基部有 2 ～ 3 个叶鞘；鞘近膜质，高 2 ～ 20 cm，鞘口斜，顶端急尖。小穗顶生，淡绿色。小坚果宽倒卵形，双凸状。花果期 5 ～ 10 月。

73. 毛葶玉凤花
Habenaria ciliolaris Kraenzl.

【药材名】
毛葶玉凤花（mao ting yu feng hua）

【药用植物名】
毛葶玉凤花（mao ting yu feng hua）
Habenaria ciliolaris Kraenzl.

【别名】
丝裂玉凤花、玉蜂兰、玉凤兰。

【产地与分布】
产于湖南、湖北、江西、广东、广西、香港、海南、浙江、福建、台湾、四川、贵州等地。生于海拔 140 ～ 1 800 m 的山坡或沟边林下阴处。

【龙春林 摄】

【龙春林 摄】

【功效主治】
有补肾壮阳，解毒消肿之效。用于阳痿、遗精、小便涩痛、疝气等症。

【采收加工】
秋季采挖，去除地上部分，洗净晒干。

【识别特征】
多年生草本，块茎肉质，直径1.5～2.5 cm。茎粗，直立，圆柱形，近中部具 5 ～ 6 枚叶，向上有 5 ～ 10 枚疏生的苞片状小叶。叶片基部收狭抱茎。总状花序具 6 ～ 15 朵花，花葶具棱，棱上具长柔毛；花白色或绿白色，罕带粉色，中等大。花期 7 ～ 9 月。

74. 罗河石斛

Dendrobium lohohense T. Tang et F. T. Wang

【药材名】

石斛（shi hu）

【药用植物名】

罗河石斛（luo he shi hu）

Dendrobium lohohense T. Tang et F. T. Wang

【别名】

万丈须

【产地与分布】

产湖南西南部至北部、湖北西部，广东北部、广西东南部至西部、四川东南部等地。生于海拔 980 ～ 1 500 m 的山谷或林缘的岩石上。

【功效主治】

益胃生津，滋阴清热。用于阴伤津亏，口干烦渴，食少干呕，病后虚热，目暗不明。

【采收加工】

全年均可采收其茎，以春末夏初和秋季采者为好，煮蒸透或烤软后，晒干、烘干或鲜用。

【识别特征】

多年生草本，茎质地稍硬，具多节，干后金黄色，具数条纵条棱。叶薄革质，二列，长圆形，基部具抱茎的鞘，叶鞘干后松松抱茎，鞘口常张开。花蜡黄色，稍肉质，总状花序减退为单朵花，侧生于具叶的茎端或叶腋，直立。花期 6 月，果期 7 ～ 8 月。

75. 铁皮石斛
Dendrobium officinale Kimura et Migo

【药材名】
铁皮石斛（tie pi shi hu）

【药用植物名】
石斛（shi hu）
Dendrobium officinale Kimura et Migo

【别名】
黑节草、云南铁皮、铁皮斗。

【产地与分布】
在湖南、浙江、福建、云南、贵州等地有大量分布。

【功效主治】
生精益胃，清热养阴，治病后虚热。

【采收加工】
全年可挖，但是秋季后质量品质高，取茎，去除须根，洗净，晾干，然后均匀炒至柔软，乘热搓去薄膜状叶鞘，放置通风处，用手使之弯曲呈螺旋状或者弹簧状。

【识别特征】
茎直立，圆柱形，长9～35 cm，粗2～4 mm，不分枝，具多节，节间长1～3～1.7 cm，常在中部以上互生3～5枚叶；叶二列，纸质，长圆状披针形，长3～4(7)cm，宽9～11(15)mm，先端钝并且多少钩转，基部下延为抱茎的鞘，边缘和中肋常带淡紫色；叶鞘常具紫斑，老时其上缘与茎松离而张开，并且与节留下1个环状铁青的间隙。花期3～6月。

76. 天　麻
Gastrodia elata Bl.

【药材名】
天麻（tian ma）

【药用植物名】
天麻（tian ma）
Gastrodia elata Bl.

【别名】
赤箭、神草、鬼督邮。

【产地与分布】
产湖南、湖北、江西、江苏、浙江、四川、贵州、云南、台湾等地。生于海拔400～3 200 m 疏林下，林中空地，林缘，灌丛边缘。

【功效主治】
有平肝熄风的功能，用以治疗头晕目眩、肢体麻木、小儿惊风等症。

【采收加工】
一般在春季秋季10～11月采挖。挖出后用淘米水洗净泥沙和天麻表面的菌索，然后放蒸笼蒸10～25分钟，根据天麻大小而定。蒸好直接晾晒或烘干即可。

【识别特征】
植株根状茎肥厚，肉质，具较密的节，节上被许多三角状宽卵形的鞘。茎直立，无绿叶，下部被数枚膜质鞘。总状花序；花扭转，橙黄、淡黄、蓝绿或黄白色，近直立；萼片和花瓣合生成近斜卵状圆筒形，顶端具5枚裂片。蒴果。花果期5～7月。

附1 植物学性状解释

基本性状

一、按照植物茎的性质，可分为以下几类。

1. 木本：茎较坚硬，木质部发达，能逐年长粗的植物。木本植物因植株高度及分支部位等不同，可分为乔木和灌木。

   乔木：高大直立的树木，高达3m以上，主干明显，分枝部位较高，如松、杉、樟等。

   灌木：比较矮小的树木，高在3m以下，主干不明显，分枝靠近茎的基部，如茶、月季、木槿等。

2. 草本：茎质地柔软，木质部不发达，不能逐年长粗的植物。
3. 藤本：植物体细而长，不能直立，只能依附其他物体，缠绕或攀缘向上生长的植物，如葡萄、猕猴桃等。

木本

草本

藤本

二、按照植物的生长周期，可分为以下几类。

1. 一年生：植物的生长周期在一个生长季节内完成，种子当年萌发，生长，并于当年开花结果后枯死，如春小麦、水稻、玉米、棉花等。
2. 两年生：生长周期在两个年份内完成，种子当年萌发，生长，第二年开花结果后枯死，如冬小麦、白菜、萝卜等。
3. 多年生：植物生长期在3年以上者，乔木、灌木年复一年地生长，长者可达千年之久。多年生草本则地上部分于当年开花结果后枯死，而地下部分多年生，年年萌发新的地上枝，即多次结实，如芦苇、苜蓿等。

一年生

两年生

多年生

植物各器官性状

[根] 通常呈圆柱形、圆锥形，在土壤中生长，越向下越细并向四周分枝形成根系。根无节和节间之分，一般不生芽、叶和花。

一、根系

根系：一株植物地下部分所有根的总称，有直根系和须根系两种（图 1）。

直根系主根明显，主根粗大较长，各级侧根依次较小较短。

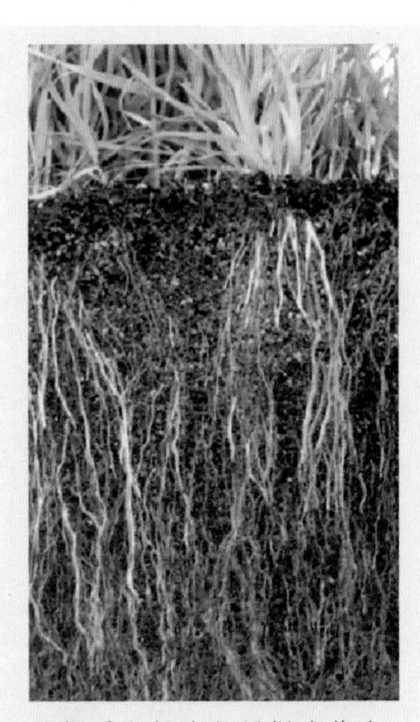

须根系主根生长缓慢或停止，根无主次之分。

图 1 根系的类型

二、根的变态

1. 肉质直根：外观肥大、肉质，富含碳水化合物等营养物，如萝卜、胡萝卜、甜菜、人参等。
2. 块根：由不定根或侧根膨大而成，能储藏养分，进行繁殖，如何首乌、木薯、番薯等。
3. 支柱根：一些浅根系的草本植物，近地面的几个节上可环生几层气生的不定根。不定根生长入土，有支持植物的特殊作用，也起吸收、输导作用，如玉米、高粱等。
4. 攀缘根：有的植物茎细长柔弱，不能直立，其上生不定根以固着在其他植物树干、山石或墙壁上而攀缘上升，称为攀缘根，如常春藤、凌霄、络石等。

[茎] 常为圆柱形，有节和节间之分，节上着生有叶、芽、花或果。叶子脱落后在茎留下叶痕，其内有维管束痕（叶迹）。芽鳞脱离留下芽鳞痕。茎上还可见皮孔（图2）。

图2 茎的形态

一、根据茎的生长习性，可将茎的形态分为以下几种。

1. 直立茎：茎垂直地面，直立生长，如各种树木及玉米、辣椒等。
2. 平卧茎：茎平卧地面生长，不能直立，如蒺藜、地锦草等。
3. 匍匐茎：茎平卧地面生长，但节上生不定根，如甘薯、蛇莓等。
4. 攀援茎：茎上发出卷须、吸器等攀援器官，借此使植物攀附于它物上，如葡萄、爬山虎等。
5. 缠绕茎：茎不能直立，螺旋状缠绕于它物上，如牵牛、菜豆等。

二、茎的变态

1. 根状茎：简称根茎，外形与根相似，蔓生于土层下，但具明显的节与节间。叶退化为非绿色的鳞片叶，叶腋中的腋芽或根状茎的顶芽可形成背地性直立的地上枝，同时节上产生不定根。根状茎储有丰富的营养物质，可存活一至多年。如竹、莲、黄精、玉竹、芦苇、白茅、狗牙根等都具有根状茎。
2. 块茎：地下枝条先端几个节与节间经特殊增粗生长而成。块茎顶端有顶芽，四周有许多作螺旋状排列的芽眼，每个芽眼内（相当于叶腋）有几枚侧芽。马铃薯是最常见的一种块茎。
3. 鳞茎：一种节间极短、其上着生肉质或膜质变态叶的地下茎。鳞茎中央节间缩短的茎称为鳞茎盘，顶端的顶芽将来形成花序。节上生长肉质的鳞片叶，重重包围鳞茎盘，富含糖分，是主要的食用部分，其外围还有几片膜质鳞片叶保护。叶腋内有腋芽，鳞茎盘下端还长有不定根。如百合、洋葱、水仙、葱、蒜等。
4. 球茎：短而肥大的地下茎，外表有明显的节与节间，节上可见褐色的退化鳞片叶。球茎储有大量营养物质，可作营养繁殖。常见的球茎有荸荠、慈姑、芋等。

5. 茎刺：一些植物的枝转变为刺，称为茎刺或枝刺。茎刺有时生叶，其位置常在叶腋，如柑桔、山楂、皂荚等。
6. 茎卷须：植物一部分枝变为卷须，有的卷须还分枝，如南瓜、葡萄等。
7. 肉质茎：茎肥大多浆液，有发达的储水组织，富储水分和营养物质；具叶绿体，可行光合作用；茎上有变为刺状的变态叶。如仙人掌类植物的肉质茎呈球状、块状、多棱柱等形状。

[叶] 由叶柄、叶片和托叶三部分组成，叶片扁平、绿色，是叶行使其功能的主要部分（图3）。具有叶片、叶柄和托叶三部分的叶称为完全叶，缺少其中任一部分或两部分的称为不完全叶。

图3 叶的形态

一、叶的形态

1. 叶的质地

革质：叶片的质地坚韧而较厚（如枸骨、大叶黄杨）。

肉质：叶片的质地柔软而较厚（如马齿苋、芦荟）。

草质：叶片的质地柔软而较薄（如薄荷）。

膜质：叶片的质地柔软而极薄，不显绿色（如麻黄）。

2. 叶片的形状：按照叶片长度和宽度的比例以及最宽处的位置来划分，是识别植物的重要依据之一。有关叶形的术语，同样也适用于托叶、萼片、花瓣等扁平器官。

(1) 阔卵形：长宽约相等或长稍大于宽，最宽处近叶的基部，如苎麻。

(2) 卵形：形如鸡卵，长约为宽的2倍或较少，中部以下最宽，向上渐狭，如女贞。

(3) 披针形：长约为宽的3～4倍，中部以上最宽，向上渐狭，如桃。

(4) 圆形：长宽相等，形如圆盘，如莲。倒卵形：是卵形的颠倒，如紫云英、泽漆。

(5) 阔椭圆形：长为宽的2倍或较少，中部最宽，如橙。

(6) 长椭圆形：长为宽的3～4倍，最宽处在中部，如栓皮栎。

(7) 倒阔卵形：阔卵形的颠倒，如玉兰。

(8) 针形：叶细长，先端尖锐，如松属。

(9) 线形（条形）：长约为宽的5倍以上，且全长的宽度略等，两侧边缘近平行，如小麦、韭菜。

(10) 剑形：长而稍宽，先端尖，常稍厚而强壮，形似剑，如鸢尾。

(11) 盾形：形似盾，叶柄着生在叶的下表面，而不在叶的基部或边缘，如莲。

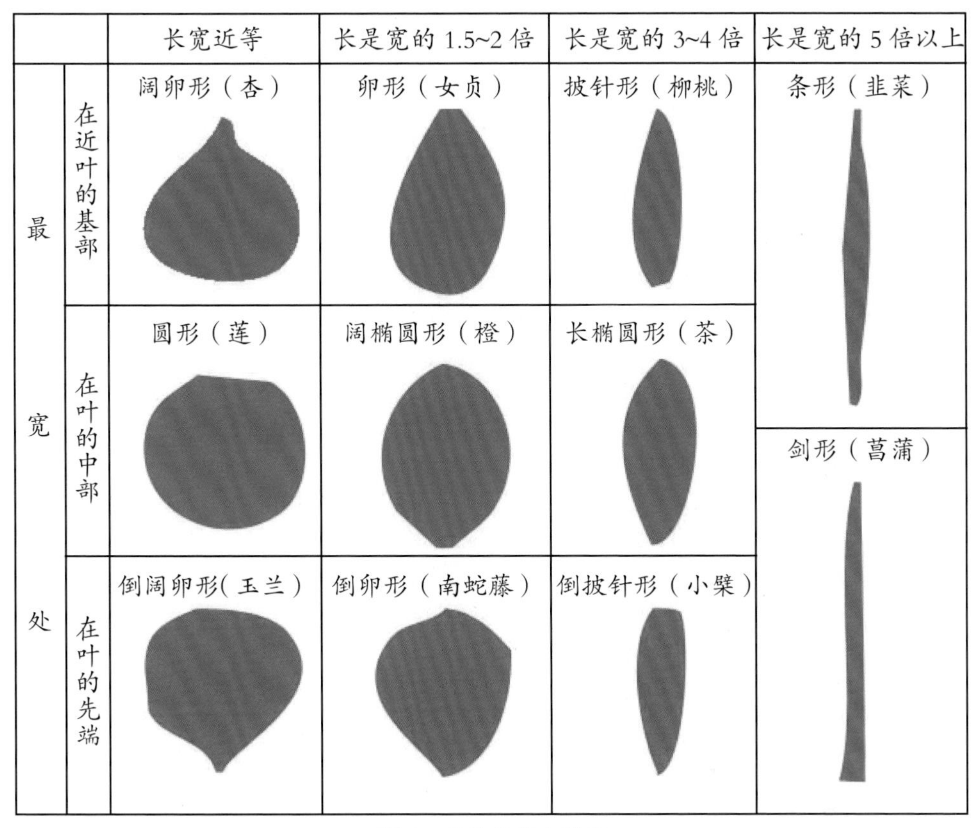

图 4　叶片的基本形状

3. 叶尖：常见的叶片尖端形状有以下几种。

(1) 渐尖：叶尖较长，或逐渐尖锐，尖头延长而有内弯的边，如杏、榆叶梅。

(2) 锐尖：尖端呈一锐角形而叶边直顺，如荞麦、女贞。

(3) 尾尖：先端延伸较长呈尾状，如郁李、梅。

(4) 钝形：尖端呈一钝角或狭圆形，如厚朴、冬青卫矛。

(5) 微凹：叶尖具浅的凹缺，如苋、苜蓿、黄杨。

(6) 倒心形：叶尖宽圆而凹缺，如酢浆草。

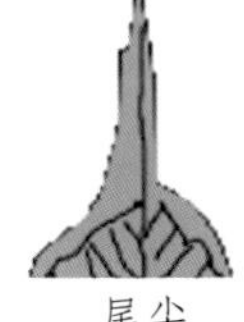

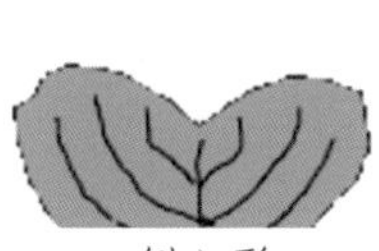

图 5 叶尖的形态

4. 叶基：常见的叶基形状有以下几种。

(1) 心形：于叶柄连接处凹入成缺口，两侧各有一圆裂片，如甘薯、牵牛花。

(2) 耳垂形：叶片基部的两侧呈耳垂状，如苦荬菜、油菜。

(3) 箭形：基部两侧的小裂片向后并略向内，如慈姑。

(4) 楔形：中部以下向基部两边渐变狭状如楔子，如垂柳。

(5) 戟形：基部两侧的小裂片向外，如打碗花。

(6) 圆形：基部呈半圆形，如苹果。

(7) 偏形：基部两侧不对称，如秋海棠、朴树。

(8) 匙形：叶基向下逐渐狭长，如金盏菊。

(9) 下延：叶片向下延长，而着生在茎上呈翅状，如烟草、山莴苣。

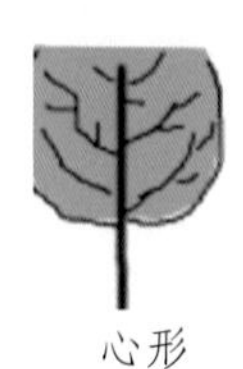
心形

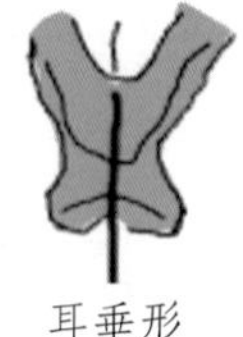
耳垂形

箭形

楔形

戟形

圆形

偏形

图 6 叶基的形态

5. 叶缘：叶片的边缘，常见的有以下几种。

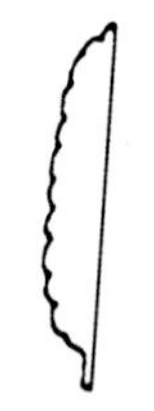
钝齿状

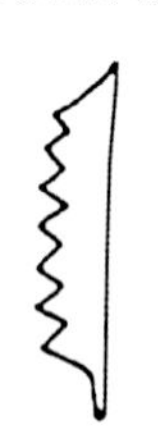
牙齿状

全缘

缺刻状

浅圆裂状

重锯齿状

锯齿状

细锯齿状

深波状

微波状

图 7 叶缘

(1) 钝齿状：边缘具钝头的齿，如大叶黄杨。

(2) 牙齿状：边缘具尖锐齿，两侧边近等长，齿端向外，如苎麻。

(3) 全缘：叶边缘平整，如大豆、小麦等。

(4) 锯齿状：边缘具尖锐的锯齿，齿端向前，如大麻、苹果。

(5) 重锯齿状：叶缘有较大的锯齿与小锯齿相间，如榆、樱桃。

(6) 波状：边缘起伏如微波，如茄子、槲栎。

(7) 皱缩状：叶缘波状曲折较波状更大，如羽衣甘蓝。

(8) 刺毛状：叶缘刺芒状，如栓皮栎、冬青。

6. 叶裂：叶片边缘常有深浅和形状不一的凹陷，此凹陷叫缺刻，两缺刻之间的叶片部分叫裂片。按缺刻深浅、裂片排列方式，叶裂类型主要分为下列几种。

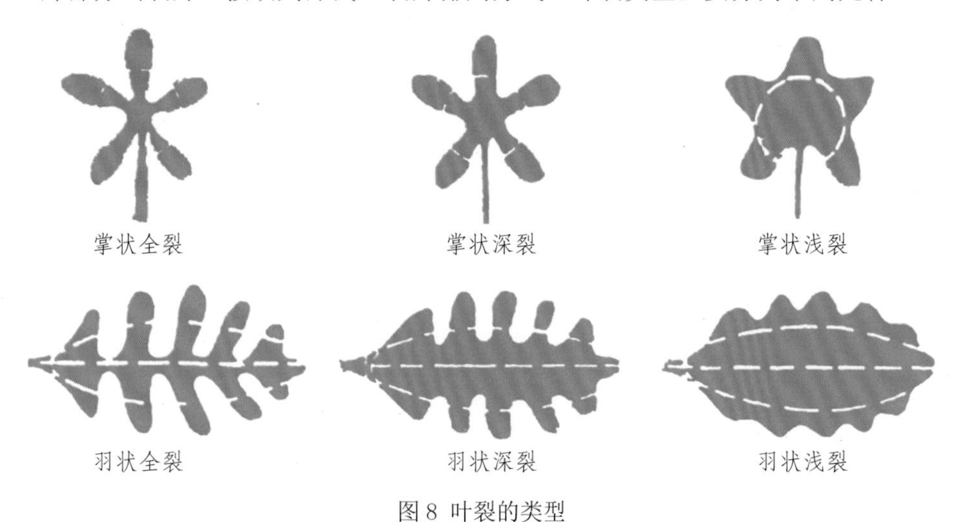

图 8 叶裂的类型

7. 脉序：脉序是指叶脉在叶片上分布的方式，常见的脉序类型有以下几种（图 9）。

图 9 叶脉的类型

(1) 网状脉：细脉分枝交错，连接成网状。大多数双子叶植物和少数单子叶植物的脉序属此种类型。

(2) 平行脉：侧脉与中脉平行达叶尖或自中脉分出走向叶缘而没有明显的小脉连结。如绝大多数单子叶植物的脉序。

(3) 射出脉：多数叶脉由叶片基部辐射出，如蒲葵、莲。

(4) 叉状脉：叉状脉见于蕨类植物和少数种子植物。这类脉序的每一条叶脉都进行 2 ～ 3 级的分叉，为较原始的脉序，如银杏。

8. 单叶与复叶：一个叶柄上只生一个叶片的称单叶。一个叶柄上生有二至多数叶片的称复叶。复叶的叶柄仍叫叶柄，也可称总叶柄。叶柄以上的轴叫叶轴。叶轴两侧所生的叶片叫小叶。小叶的柄叫小叶柄。复叶依小叶排列情况不同可分为以下几种类型。

(1) 羽状复叶：小叶排列在叶轴的两侧呈羽毛状，称羽状复叶。羽状复叶又分为奇数羽状复叶和偶数羽状复叶。

总叶轴的两侧有羽状排列的分枝，此分枝叫羽片，分枝上再生羽状排列的小叶，叫二回羽状复叶，如合欢、皂荚；如羽片像总叶柄一样再次分枝，叫三回羽状复叶，如楝树；依次羽片再次分枝，叫多回羽状复叶，如蒿属、南天竹。

图 10 复叶的类型

(2) 掌状复叶：小叶在总叶柄顶端着生在一个点上，向各方展开而呈手掌状的叶，如七叶树。

(3) 三出复叶：仅有三个小叶着生在总叶柄顶端。有羽状三出复叶与掌状三出复叶之分，前者是顶生小叶生于总叶柄顶端，两个侧生小叶生于总叶柄顶端以下，如大豆；后者是三个小叶都生于总叶柄顶端，如酢浆草。

(4) 单身复叶：两个侧生小叶退化，总叶柄顶端只着生一个小叶，总叶柄顶端与小叶连接处有关节，如柑桔。

9. 叶序：叶在茎或枝条上的排列方式叫叶序，常见的有以下几种。

(1) 叶互生：每节上只着生一片叶，如棉花、杨树、苹果等。

(2) 叶对生：每节上相对着生两片叶，如丁香、石竹、女贞等。

(3) 叶轮生：每节上着生三个或三个以上的叶，如夹竹桃、茜草科植物等。

(4) 叶簇生：二个或二个以上的叶着生于极度缩短的短枝上，如银杏、油松等。

(5) 叶基生：叶着生在茎基部近地面处，如车前、蒲公英等。

图 11 叶序

[花]

1. 花的基本结构（图12）。

图12 花的基本结构

2. 花冠的类型（图13）。

图13 花冠的类型

3. 雄蕊的类型（图 14）。

离生雄蕊

四强雄蕊

二强雄蕊

冠生雄蕊

聚药雄蕊

单体雄蕊

二体雄蕊

多体雄蕊

图 14 雄蕊的类型

4. 子房的位置（图 15）。

下位花
（上位子房）

周位花
（上位子房）

周位花
（半下位子房）

上位花
（下位子房）

图 15 子房的位置

5. 胎座的类型（图 16）。

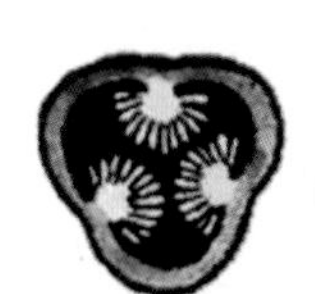

侧膜胎座

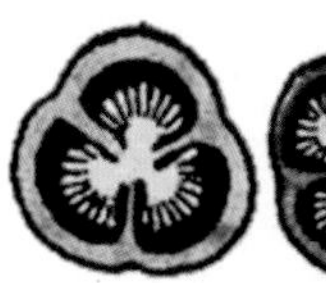

中轴胎座

特立中央胎座

边缘胎座

顶生胎座

基生胎座

图 16 胎座的类型

6. 花序：是指花在花序轴上的排列方式。花序生于枝顶端的叫顶生，生于叶腋的叫腋生。一朵花单独生于枝顶端或叶腋时叫花单生。整个花序的轴叫花序轴。如果花序轴自地表附近及地下茎伸出，不分枝，不具叶，叫花亭。

(1) 总状花序：花有梗，排列在一不分枝且较长的花序轴上，花柄长度相等，如油菜、荠菜等。

(2) 穗状花序：花轴直立，较长，花的排列与总状花序相似，但花无柄或近无柄，直接生长在花序轴上，如车前、大麦等。

(3) 葇荑花序：花序轴柔软，常下垂，花无柄，单性，开花后整个花序或连果一齐脱落，如杨、柳、桑。

(4) 伞房花序：花序轴较短，下部花柄较长，向上渐短，近顶端的花柄最短，花排列在一个平面上，如苹果、梨、山楂。

(5) 头状花序：花无柄，集生于一平坦或隆起的总花托（花序托）上，呈一头状体，如菊科植物。

(6) 圆锥花序：花轴分枝，每一分枝上形成一总状花序，又称复总状花序，如玉米的雄花、水稻、葡萄等。

(7) 伞形花序：花序轴极短，许多花从顶部一起生出，花柄近等长或不等长，状如张开的伞，如五加、报春花等。

(8) 二歧聚伞花序：每次具有两个分枝的聚伞花序，如冬青、石竹等。

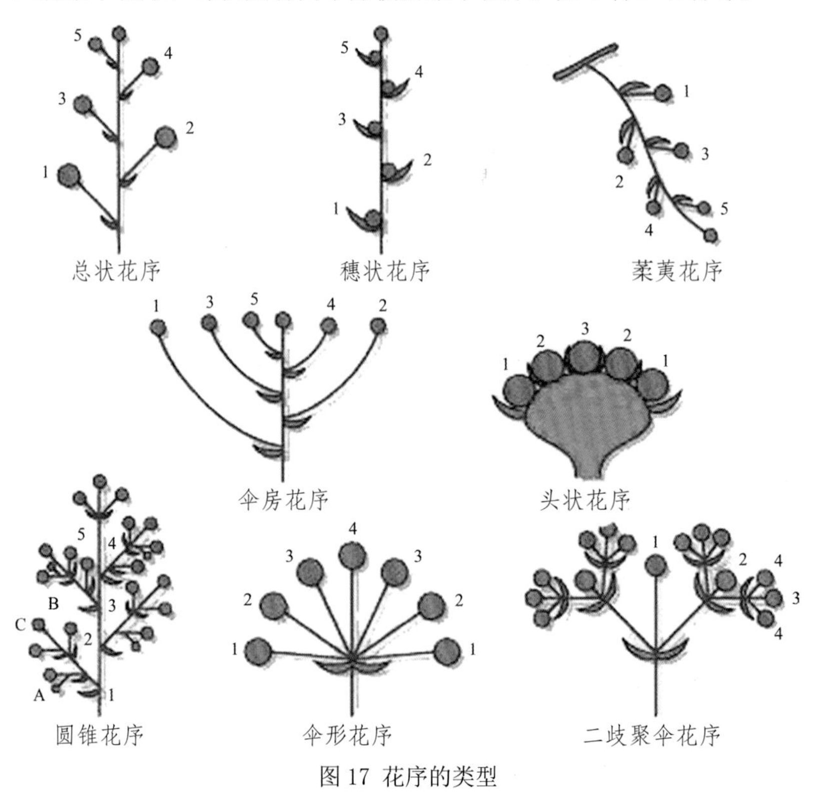

图 17 花序的类型

[果] 根据果实的形态结构可分为三大类，即单果、聚合果和复果。

一、单果

单果是由一朵花中的一个单雌蕊或复雌蕊发育而成。根据果皮及其附属部分成熟时果皮的质地和结构，可分为肉质果和干果两类。

1. 肉质果是指果实成熟时，果皮或其他组成部分肉质多汁，常见的有以下几种。

(1) 浆果：由复雌蕊发育而成，外果皮薄，中果皮、内果皮均为肉质，或有时内果皮的细胞分成汁液状，如葡萄、番茄等。

(2) 核果：由单雌蕊或复雌蕊发育而成，外果皮薄，中果皮肉质，内果皮形成坚硬的壳，通常包围一粒种子形成坚硬的核，如桃、枣等。

(3) 柑果：由多心皮复雌蕊发育而成，外果皮和中果皮无明显分界，中果皮较疏松并有很多维管束，内果皮形成若干室，向内生有许多肉质的表皮毛。内果皮是主要的食用部分，如柑桔、柚等。

浆果

核果

柑果

(4) 瓠果：由下位子房的复雌蕊形成，花托与果皮愈合，无明显的外、中、内果皮之分，果皮和胎座肉质化，如西瓜、黄瓜等葫芦科植物。

(5) 梨果：由下位子房的复雌蕊形成，花托强烈增大和肉质化并与果皮愈合，外果皮、中果皮肉质化而无明显界线，内果皮革质，如梨、苹果等。

瓠果

梨果

2. 干果成熟时果皮干燥，根据果皮开裂与否，可分为裂果和闭果。

(1) 裂果。果实成熟后果皮开裂，依心皮数目和开裂方式不同，分为下列几种。

① 蒴果：由两个或两个以上心皮的复雌蕊形成，种子多，成熟时以多种方式开裂。

② 蓇葖果：由单雌蕊发育而成，成熟时沿背缝线或腹缝线一边开裂。

③ 荚果：由单雌蕊发育而成，成熟后果皮沿背缝线和腹缝线两边开裂。如大豆。

④ 角果：由两个心皮的复雌蕊发育而成，果实中央有一片由侧膜胎座向内延伸形成的假隔膜，成熟时果皮由下而上两边开裂。如萝卜、白菜、荠菜。

蒴果　蓇葖果　荚果　角果

(2) 闭果：果实成熟后，果皮不开裂，又分下列几种。

① 瘦果：由单雌蕊或 2 ～ 3 个心皮合生的复雌蕊而仅具一室的子房发育而成，内含一粒种子，果皮与种皮分离。如向日葵、荞麦。

② 颖果：与瘦果相似，也是一室，内含一粒种子，但果皮与种皮愈合，因此常将果实误认为是种子。如玉米。

③ 坚果：果皮坚硬，一室，内含一粒种子，果皮与种皮分离，有些植物的坚果包藏于总苞内。如板栗、榛子等。

④ 翅果：果皮沿一侧、两侧或周围延伸呈翅状，以适应风力传播。除翅的部分以外，其他部分实际上与坚果或瘦果相似，如臭椿、榆等。

瘦果　颖果　坚果　翅果

二、聚合果

聚合果是由一朵花中多数离生心皮雌蕊发育而来，每一雌蕊都形成一个独立的小果，集生在膨大花托上。因其小果种类不同，聚合果可以是聚合蓇葖果如八角、玉兰，也可以是聚合瘦果如蔷薇、草莓，或者是聚合核果如悬钩子。

三、聚花果

聚花果（复果）是由整个花序发育而成的果实。花序中的每朵花形成独立的小果，聚集在花序轴上，外形似一果实，如桑椹、菠萝、无花果。

聚合瘦果　聚合坚果　聚花果